国家核安全局经验反馈集中分析会丛书

核动力厂非能动安全系统的专题研究

生态环境部核与辐射安全中心　著

中国环境出版集团・北京

图书在版编目（CIP）数据

核动力厂非能动安全系统的专题研究 / 生态环境部核与辐射安全中心著. －－ 北京：中国环境出版集团，2024. 9. －－（国家核安全局经验反馈集中分析会丛书）.
ISBN 978-7-5111-6008-9

Ⅰ. TM623.8

中国国家版本馆 CIP 数据核字第 2024KV1043 号

责任编辑 史雯雅
封面设计 彭 杉

出版发行 中国环境出版集团
（100062 北京市东城区广渠门内大街 16 号）
网　　址：http://www.cesp.com.cn
电子邮箱：bjgl@cesp.com.cn
联系电话：010-67112765（编辑管理部）
发行热线：010-67125803，010-67113405（传真）

印　　刷 北京中献拓方科技发展有限公司
经　　销 各地新华书店
版　　次 2024 年 9 月第 1 版
印　　次 2024 年 9 月第 1 次印刷
开　　本 787×1092　1/16
印　　张 11.5
字　　数 220 千字
定　　价 96.00 元

编著委员会
THE EDITORIAL BOARD

序
PREFACE

《中共中央 国务院关于全面推进美丽中国建设的意见》进一步阐明，为实现美丽中国建设目标，要积极稳妥推进碳达峰碳中和，加快规划建设新型能源体系，确保能源安全。核能，在应对全球气候变化、保障国家能源安全、推动能源绿色低碳转型方面展现出其独特优势，在我国能源结构优化中扮演着重要角色。

安全是核电发展的生命线，党中央、国务院高度重视核安全。党的二十大报告作出积极安全有序发展核电的重大战略部署，全国生态环境保护大会要求切实维护核与辐射安全。中央领导同志多次作出重要指示批示，强调“着力构建严密的核安全责任体系，建设与我国核事业发展相适应的现代化核安全监管体系”，“要不断提高核电安全技术水平和风险防范能力，加强全链条全领域安全监管，确保核电安全万无一失，促进行业长期健康发展”。

推动核电高质量发展，是落实“双碳”战略、加快构建新型能源体系、谱写新时代美丽中国建设篇章的内在要求。我国核电产业拥有市场需求广阔、产业体系健全、技术路线多元、综合利用形式多样等优势。在此基础上，我国正不断加大核能科技创新力度，为全球核能发展贡献中国智慧。然而，我们也应当清醒地认识到，我国核电产业链与实现高质量发展的目标还有一定差距。

“安而不忘危，存而不忘亡，治而不忘乱。”核安全是国家安全的重要组成部分。与其他行业相比，核行业对安全的要求和重视关乎核能事业发展，关乎公众利益，关乎电力保障和能源供应安全，关乎社会稳定，关乎国家未来。只有坚持“绝对责任，最高标准，体系运行，经验反馈”，始终把“安全第一、质量第一”的根本方针和纵深防御的安全理念扎根于思想、体现于作风、落实于行动，才能确保我国核能事业行稳致远。

高水平的核安全需要高水平的经验反馈工作支撑。多年来，国家核安全局致力于推动全行业协同发力的经验反馈工作，建立并有效运转国家层面的核电厂经验反馈体系，以消除核电厂间信息壁垒、识别核电厂安全薄弱环节、共享核电厂运行管理经验，同时整合核安全监管资源、提高监管效能。经过多年努力，核电厂经验反馈体系已从最初有限的运行信息经验反馈，发展为全面的核电厂安全经验反馈相关监督管理工作，有效提升了我国核电厂建设质量和运行安全水平，为防范化解核领域安全风险、维护国家安全发挥了重要保障作用。与此同时，国家核安全局持续优化经验反馈交流机制，建立了全行业高级别重点专题经验反馈集中分析机制。该机制坚持问题导向，对重要共性问题进行深入研究，督促核电行业领导层统一思想、形成合力，精准施策，切实解决核安全突出问题。

“国家核安全局经验反馈集中分析会丛书”是国家核安全局经验反馈集中分析研判机制一系列成果的凝练，旨在从核安全监管视角，探讨核电厂面临的共性问题和难点问题。该丛书深入探讨了核电厂的特定专题，全面审视了我国核电厂的现状，以及国外良好实践，内容丰富翔实，具有较高的参考价值。书中凝聚了国家核安全监管系统，特别是国家核安全局机关、核与辐射安全中心和业内各集团企业相关人员的智慧与努力，是集体智慧的成果！丛书的出版不仅展示了国家核安全局在经验反馈方面的深入工作和显著成效，也满足了各界人士全面了解我国核电厂特定领域现状的强烈需求。经验，是时间的馈赠，是实践的结晶。经验告诉我们，成功并非偶然，失败亦非无因。丛书对于核安全监管领域，是一部详尽的参考书；对于核能研究和设计领域，是一部丰富的案例库；对于核设施建设和运行领域，是一部重要的警示集。希望每位核行业的从业者，在翻阅这套丛书的过程中，都能有所启发，有所收获，有所警醒，有所进步。

核安全工作与我国核能事业发展相伴相生，国家核安全局自成立以来已走过四十年的光辉历程。核安全所取得的成就，得益于行业各单位的认真履责，得益于行业从业者的共同奋斗。全面强化核能产业核安全水平是一项长期而艰巨的系统工程，任重而道远。雄关漫道真如铁，而今迈步从头越。迈入新时代新征程，我们将继续与核行业各界携手奋进，坚定不移地锚定核工业强国的宏伟目标，统筹发展和安全，以高水平核安全推动核事业高质量发展。

是以为序。

董保同

生态环境部副部长、党组成员

国家核安全局局长

2024 年 9 月

前　言
FOREWORD

习近平总书记在党的二十大报告中指出“高质量发展是全面建设社会主义现代化国家的首要任务”，强调“统筹发展和安全”“以新安全格局保障新发展格局”“积极安全有序发展核电”，为新时代新征程做好核安全工作提供了根本遵循和行动指南。新征程上，我们要深入学习贯彻习近平新时代中国特色社会主义思想，以总体国家安全观和核安全观为遵循，加快构建现代化核安全监管体系，切实提高政治站位，站在维护国家安全的高度，充分认识核电安全的极端重要性，全面提升监管能力水平，以高水平监管促进核事业高质量发展。

有效的经验反馈是保障核安全的重要手段，是提升核安全水平的重要抓手。经过多年不懈努力，国家核安全局逐步建立起一套涵盖核电厂和研究堆、法规标准较为完备、机制运转流畅有效、信息系统全面便捷的核安全监管经验反馈体系。经验反馈作为我国核安全监管“四梁八柱”之一，真正起到了夯实一域、支撑全局的作用。近年来，为贯彻落实党的二十大和全国生态环境保护大会精神，国家核安全局坚持守正创新，在经验反馈交流机制方面有了进一步的创新发展，建立并运行经验反馈集中分析机制。通过对核安全监管热点、难点和共性问题进行专题探讨，督促核电行业同题共答、同向发力，有效推动问题的解决。

作为一种高效、低碳的能源，核能在全球范围内得到了广泛的应用，特别是在碳达峰碳中和目标的背景下，核能产业成为我国能源发展战略的重要组成部分。当前，我国核电发展已进入“积极安全有序”的新阶段，展望未来，核电装机规模将进一步增长，而建造更具安全性和经济性的核电厂必然指引核电技术的发展方向。自20世纪80年代中期以来，人们已经认识到非能动安全系统（即利用对流和重力等自然力的系统）的应用有助于简化设计并有可能改善核电厂的经济效益。1991年国际原子能机构召开的关于核能安全和未来战略发展会议中也指出，新的核电厂设计中利用非能动安全特性是实现简化设计和提高执行安全功能可靠性的理想方法。

此外，自2011年福岛第一核电站发生严重事故以来，公众对核反应堆安全的担忧有所增加，由此更增加了对设计、开发使用非能动安全系统的新型反应堆的需求。与能动安全系统相比，非能动安全系统具有更高的可靠性，同时能简化核电厂的设计，进而提升经济性，因而在第三代反应堆设计中得到了广泛应用，而且在未来设计的先进反应堆中有扩大应用的趋势。

目前我国已建成投产的AP1000依托项目、“华龙一号”示范工程项目和高温气冷堆示范工程项目等，均采用了非能动安全系统，经过安全审评、调试监督和运行事件处理，我国初步积累了一定的非能动安全系统相关的实际数据和运行经验，并且对非能动安全系统的性能特点和可靠性有了更深入的认识。本书对非能动安全系统相关的信息进行了系统的梳理，在分析研究已有数据和经验反馈的基础上，总结有关非能动安全系统的工程特性、良好实践以及可能面临的困难和挑战，提出改进非能动安全系统运行性能和可靠性以及优化反应堆安全设计的建议，为先进核反应堆设计领域的技术专家提供参考。

本书共6章，第1章介绍了非能动安全和非能动安全系统的概念、非能动安全系统的应用历史和发展状况，由刘宇、陈召林编写；第2章总结了非能动安全系统的特点，包括优势和不足等，由赵丹妮、李娟(小)编写；第3章对国内外采用的非能动安全系统技术进行了广泛的介绍，由刘泽军、李明、郑丽馨编写；第4章总结了在非能动安全系统设计论证阶段应重点关注的内容，由赵丹妮、崔贺锋、钱鸿涛编写；第5章介绍了我国已建成的非能动安全系统核电厂的调试、试验和运行经验反馈，由杨鹏、焦峰、石生春编写；第6章总结了我国非能动安全系统的现状，针对面临的困难和挑战，提出了提高非能动安全系统核电厂安全水平、改进非能动安全系统运行性能和可靠性的建议，由刘宇、庞宗柱、宫宇编写。全书由赵丹妮、杨鹏、侯秦脉进行统稿，由依岩、李娟、刘宇进行校核，严天文、柴国旱、殷德健对全书进行了审核把关。

本书在编写过程中得到了生态环境部（国家核安全局）的大力支持。同时，对生态环境部华东核与辐射安全监督站、清华大学核能与新能源技术研究院、中核集团、中国华能集团、国家电投集团、中广核集团等相关单位的支持表示衷心感谢！

本书在编写过程中在国内外核电厂非能动安全系统的发展历史，各堆型非能动安全系统的设计，核安全监管相关的实践，国内采用非能动安全系统的核电厂建造、调试和运行经验反馈等方面开展了广泛、深入的调研，虽竭尽所能，但毕竟学识水平有限，书中难免存在疏漏或不妥之处，深切希望关注核安全的社会各界人士、专家、学者以及对本书有兴趣的广大读者不吝赐教、批评指正。

编写组

2024 年 8 月

目 录
CONTENTS

第1章 引言

1.1 非能动安全概念

1.1.1 概念的提出

1979 年 3 月发生三哩岛核事故后，和平利用核能走到了历史的十字路口，安全性和公众接受性问题迫使核能科学家和工程师们必须重新思考一些方向性问题，例如，未来需要什么样的反应堆、公众普遍接受什么样的反应堆等。一些国际知名科学家及能源领域的权威专家纷纷撰文出书发表观点，美国原子能委员会第一任主席大卫 • E. 利连撒尔（David E. Lilienthal）在《原子能发电——一个新的起点》一书中主张设计一种不会发生堆芯熔化事故的安全反应堆；艾尔文 • H. 温伯格（Alvin H. Weinberg）发表了一篇名为“拯救原子能时代”的文章，文中提出了 6 项改造核能工业的意见，其中“技术改进”一项这样描述：“是否有某种反应堆的堆芯比普通压水堆具有更大的固有安全性呢？……是否可能将反应堆改进，并设计出一种不发生堆芯熔化事故的反应堆呢？技术界是否有能力，而其他各界（如电力公司、政府、制造厂等）是否有财力和决心设计并发展这种全新的反应堆系统呢？很可能在三哩岛的震动平静下来以后，核能的发展将走上这条虽然没有把握，但可能有很大利益的新道路。”[1]

当时，美国能源分析研究所牵头组织了十多位核能领域专家针对这些问题开展专题研究，最终认为有两种反应堆是“超级安全”或“傻瓜式”的，即美国通用原子能公司的高温气冷堆（联邦德国也发展了一种较小的同类型反应堆）和瑞典 ASEA 原子能公司发明的工艺固有最终安全（PIUS）反应堆，其中 PIUS 反应堆就是浸没在一个巨大含硼水池内的反应堆，正常情况下纯净冷却水与含硼水隔开，设计上不采用有可能失效的普通阀门分隔这两种水，而采用了一种巧妙的密度闸门，即由于温度较低的硼水密度较高，它停留在冷却水下方，在分界处形成一道稳定的密度闸门。当冷却水一旦停止循环，密度闸门立即失稳，从而硼水冲进反应堆使链式反应瞬时停止，并可载出一个星期以上的堆芯余热。这一切动作都是自动进行的，无需人员的介入。所以 PIUS 反应堆是“固有安全”或“非能动安全”的。但美国核工业界并不欢迎这种比当时轻水堆更安全的 PIUS 反应堆。并且，用“固有安全”或“非能动安全”来描述新型反应堆也饱受批评，认为如果有一种被称为“固有安全”的反应堆的堆芯熔化了，则公众将对核能安全完全丧失信心。

1986 年 4 月切尔诺贝利核事故发生后，再次改变了公众对反应堆安全的看法。当时，美国一个反核组织——忧思科学家联盟（UCS），其代表就曾公开说，“这起在切尔诺贝利的事故清晰地显示出，核电本质上是危险的”[2]。过去曾嘲笑过提出“固有安全反应堆”概念的人，转过头来把“固有安全”当成了他们的最热门话题，尽管美国核工业界更喜欢采用“非能动安全”这个术语，或所谓具有“非能动安全特性”的反应堆。美国的反应堆主要制造商，如西屋公司和通用电气公司，已分别提出了较小的改进型压水堆和沸水堆设计，都具有不同的非能动安全特性。并且，“非能动安全”、“固有安全”或者“高透明度安全”（即基于简单明了的安全原理）这一类术语几乎变成了人们的口头禅，特别是经常被美国的政治家和能源政策的决策者们提及。

在经历两次大的核电厂事故之后，非能动安全反应堆变得具有较好的公众可接受性，甚至对于和平利用核能的怀疑派而言，发展非能动安全反应堆也具有一定的吸引力，而且过去曾强烈地反对核能的反核人士也开始同意发展非能动安全的反应堆。但“固有安全”或“非能动安全”反应堆仍然存在于口头上，或者处于学术界研究中，应用于工程实践并设计出非能动安全反应堆，还有很长的路要走。引用艾尔文 H. 温伯格（美）所著的《第一核纪元——美国核动力奠基人自传》中的一段话：“固有安全反应堆也好，或者非能动安全反应堆也罢，最重要的是在世界某处建造出一座反应堆，这样就可以不是纸上谈兵了，而是从实践经验来判断‘固有安全’或‘非能动安全’反应堆是否能实现。”

1.1.2 用于“下一代”反应堆设计

一般而言，核工业界和行业发展部门的报告中，为反映科技发展和技术进步，或者区分不同时期的反应堆技术，用“代”的概念描述反应堆。这里为说明非能动安全用于反应堆设计，也借用一下。

毫无疑问，核工业界从一开始就非常重视安全问题，并在工程实践中探索形成了一套安全保障比较有效的原则和理念。在经历了三哩岛核事故和切尔诺贝利核事故后，核工业界和学术界提出了“非能动安全”概念，并研究探讨“下一代”反应堆的设计，同时也认识到核电厂的安全设计过分依赖专设安全设施、外部动力和操纵员响应的问题，为此，后续核电厂设计努力增强内在安全因素并改善其经济性是十分必要的。对于“下一代”反应堆应满足的技术要求，核能界和学术界在充分吸取两次严重核事故的经验教训基础上，总结出针对严重事故的预防与缓解的 3 种对策：①在现有核电厂设计的基础上，进一步提高设计等级，增加各类冗余的安全设施与设备，以期降低事故发生概率并尽可能减轻事故的后果；②考虑到绝大部分事故进程中人的误操作占了很大比重，可以通过强化管理、改进操作规程、强化操纵员选拔与培养，尽量提高运行水平，达到事故预防的目的；③对于新一代核电厂，采用新概念、新堆型，将其固有安全性提高到新水平，同时大幅度降低成本，缩短建造周期[3]。

在这个背景下，核电厂设计提出了“三 S”标准，即简单、经济、安全，强调的是安全性与经济性的统一，同时也说明，安全并不等于复杂。满足同样功能的系统，一般来说越简单则越可靠。后来，“三 S”标准作为关键政策，被美国电力研究院（EPRI）较早地写进了用户要求文件（URD），并在顶层设计要求中提出了明确的设计目标[4]。为了实现“三 S”标准，核工业界提出了固有安全、非能动安全和无人值守安全等“三安全”概念，以响应当时电厂的 3 个“过分依赖”。“三安全”概念改进了安全功能部件和系统的内在驱动力，减轻对外部电源的依赖性，改善人机关系，同时也为系统简化提供了依据。至此，“非能动安全”作为一种安全设计概念被正式提出。

由于压水堆技术发展得较早，并且已被广泛应用，因而固有安全压水堆普遍受到核工业界和政府部门重视，以便利用成熟反应堆技术和现有工业格局，减少研发费用和潜在风险。1985 年前后，核工业界开始探讨 AP600 概念设计时，首次引入“三安全”概念，得到了美国能源部（DOE）和 EPRI 的资助。1990 年前后，经过详细审查其可靠性和经济性后，美国西屋公司开始了 AP600 的技术设计，发展出世界上首个真正意义上的完全采用非能动安全概念的大型商用反应堆设计。

1.2 非能动安全系统的概念

1.2.1 非能动系统的定义

非能动是指运用自然循环、蓄能、蒸发、冷凝、热传导、重力、惯性驱动等一些简单但固有的物理规律作用，使反应堆发生事故以后不必过多依赖运行人员干预和外部动力驱动（如泵、交流电源、应急柴油发电机等）就能完成相应的功能。根据运用的物理规律不同，学术界把非能动技术划分为若干类型，如自然循环类、重力作用类、惯性作用类、温差传递类、体积变化类、虹吸效应类、负反馈类、逆止阀类、氢气复合（点火）器类等。

利用非能动技术的系统，并不一定就是非能动系统。针对非能动系统，国际原子能机构（IAEA）在《先进核电站安全相关术语》（IAEA-TEDOC-626）中比较明确地给出了非能动系统的定义，即：系统完全由非能动（重力驱动、自然循环等方式）的部件和结构组成，或者系统仅采用了用于触发后续非能动运行的非常有限的能动部件。简单地讲，非能动系统仅允许采用非常有限的能动部件，通过简单的动作触发后，利用非能动机理就可实现其预期功能。在该文件中根据不同的非能动程度将系统划分为四类（表 1-1）。

表 1-1 国际原子能机构对非能动系统的分类[5]

非能动系统分类	定义或特点	举例
A 类	● 没有信号输入 ● 没有外部动力源 ● 没有机械部件运行 ● 没有流体流动	防止裂变产物释放的物理屏障，如燃料包壳和压力边界系统
B 类	● 没有信号输入 ● 没有外部动力源 ● 没有机械部件运动 ● 有流体流动	通过空气自然循环的非能动安全壳冷却系统
C 类	● 没有信号输入 ● 没有外部动力源 ● 但有机械部件的运动	止回阀和弹簧加载安全阀
D 类	● 通过信号输入启动 ● 过程的启动必须通过储存的能量源，如电池或高液位 ● 系统中的能动部件仅限于控制仪表部件，以及用于启动系统的阀门 ● 不包括手动启动	由重力驱动并通过电池驱动阀或气动阀启动的应急堆芯冷却/注入系统

表 1-1 分类中较低类别非能动系统的安全特征不一定比执行相同功能的较高类别中的安全特性差，上述分类的差异只意味着非能动安全特性的应用程度的不同。

能动和非能动安全的概念描述的是系统的作用方式，并通过是否依赖外部机械和/

或动力、信号来区别。非能动系统不依赖外部动力，意味着它们反而更依赖自然规律、材料物性和内部贮存的能量。非能动系统可能不会出现能动系统中比较常见的故障，如电源故障、人员未执行相关操作等。然而需要注意的是，非能动系统仍会受到其他类型故障的影响，如阀门等机械部件的失效、人员故意的操作干扰等。因此，非能动安全不等同于固有安全或绝对的可靠。

执行安全功能的部件和系统（不包括结构）必须具有两种分别对应于正常运行和事故工况的状态，并且具有两种状态的转变过程，因此必须考虑 3 个方面：

— 必须有相应的参数来启动状态转变（如信号输入或参数变化）；

— 必须有动力、位差或原动力来改变状态；

— 必须能够在安全状态下持续运行。

当上述 3 个方面都能以系统内部的方式满足时，部件或系统可以称为非能动。相反，如果需要外部输入，则被认为是能动的。

此外，在对系统的安全性能进行评价时，还需要考虑额外的因素，包括：

— 短期、长期和不利条件下的可靠性和可用性；

— 与系统腐蚀、疲劳变形等相关的寿命的考虑；

— 试验或验证的要求；

— 人机接口的简化。

应强调的是，非能动特性并不等同于可靠性或可用性，更不等同于保证安全特性的充分性，尽管某些不利于安全性能的潜在因素可以更容易通过非能动的设计来消除。采用易于控制的能动设计能更精确地实现安全功能，该特性在事故管理的情况下是具有优势的。

1.2.2 非能动技术类型及其在核电领域的应用

目前，非能动技术已普遍应用于先进核电厂的各个系统，成为保证核电厂安全性不可或缺的手段。重力作用类、惯性作用类、氢气复合（点火）器类、自然循环类均是在事故工况下应用的。温差传递类、材料效应类、体积变化类、虹吸效应类、密度锁类、负反馈类、压力作用类、逆止阀类等无论是在事故工况下还是正常工况下均可应用。一些科技文献中对在核电领域中应用的非能动技术进行了总结[6]，如表 1-2 所示。

表 1-2 非能动技术类型及其在核电领域的应用

非能动技术	定义	技术应用
自然循环	自然循环是由于密度差而形成的浮升力驱动流体循环流动的一种能量传输方式。主要包括单相自然循环流动和两相自然循环流动	自然循环在核电站回路及安全系统有较多应用。许多以自然循环为原理的系统设备正在积极研发和使用之中。特别是 AP1000 的非能动余热排出系统，事故后通过反应堆余热驱动的一回路冷却剂的自然循环带走反应堆热量，以保障反应堆安全
重力作用	重力作用是利用重力位差所产生的势能改变为动能而形成的重力驱动物体运动的一种能量传输方式。重力作用无处不在，关键是重力的有效利用	核电站中控制棒的下落即是利用重力作用，在电源失效情况下，设计其依靠重力自由下落到堆芯，控制核电站使其及时停堆。适用于放射环境中利用重力作用的非能动安全自动夹持器。重力注硼系统作为一个专设安全设施，依靠重力作为动力源，不仅具有非能动的安全特性，而且省去了应急电源和备用电源（备用泵或高压气瓶），简化了设备，节省了投资，完全符合国际“下一代”安全核电站的发展趋势
惯性作用	惯性作用是利用惯性形成的能量改变为动能，驱动物体运动的一种能量传输方式	目前在核电站发生设计基准事故时，核电主泵所装的大惯性飞轮运转即可继续保证堆芯流量缓慢降低，以保证反应堆安全
温差传递	温差传递是利用温度差形成的从高温到低温的一种能量传输方式。热量由高到低，最后达到热平衡	高温气冷堆通过辐射换热将堆芯热量传递到水冷壁管，也利用温差传热原理，带走热量，保障反应堆安全
材料效应	材料效应是利用材料自身属性完成功能的一种能量传输方式。材料各异，以实现各类功能	利用在不同金属间可以产生热电势即温差电动热效应的温敏元件，可以实现对阀门的控制。还有记忆合金通过温度改变引起其贮存的势能变化，对阀门及热通道实施控制。锆材料则在反应堆包壳中发挥重要防护支撑作用，在超临界水棒中也起到慢化中子及传热作用。利用材料的不同效应，可实现核电站磁性材料居里点温度控制非能动停堆装置，保障反应堆安全。在核电站中，主泵非能动停车密封的熔化环在高温下的熔化也是材料效应的一种
体积变化	体积变化是利用物质体积变化特性完成功能的一种能量传输方式。体积的增大或缩减引发变化作用	在核电站中一回路稳压器通过体积变化缓解一回路中冷却剂的波动，起到稳定压力作用。核电站中爆破阀也是通过体积膨胀，达到阀门打开的目的

非能动技术	定义	技术应用
虹吸效应	虹吸效应是利用管道两端水体都是自由水面，事实上是两端的静水压强相等，而形成连接两端的管道中水流低—高—低流动的一种能量传输方式。虹吸效应造成流体会由压力大的一边流向压力小的一边，直到两边的大气压力相等	我国实验快堆一回路钠净化系统，取钠管上设置了虹吸破坏装置，以非能动方式减少失钠事故中的液态钠泄漏量
密度锁	密度锁是仅仅依靠系统内工作介质本身特性的改变来实现流体通路的截止或连通的一种能量传输方式。密度锁作用相当于阀门，但工作原理却不同于阀门，是一种非能动设备	密度锁内部没有挡板和运动部件，完全靠特殊的结构和冷热流体的密度差使冷热流体分开。密度锁可以安装在反应堆事故冷却系统回路中，隔开反应堆的正常冷却系统与事故冷却系统。在核电站正常运行工况下，密度锁保持关闭，将主冷却剂系统和余热排出系统隔开，余热排出系统不工作。当核电发生事故时，密度锁打开，使主冷却剂系统和余热排出回路连通，建立自然循环，由此带走堆芯剩余热量。密度锁的原理在目前多种新型反应堆的设计中有所应用，比较具有代表性的是瑞典的 PIUS 反应堆
负反馈	负反馈是指利用温度、空泡等特性完成功能的一种能量传输方式	在反应堆中，负反馈包括多普勒效应、慢化剂温度效应、空泡效应等反应堆物理反馈，促使中子截面发生变化，由此降低反应性，功率上升，保障反应堆安全。一般在压水堆和沸水堆中多普勒效应、慢化剂温度效应、空泡效应都是负反馈。而大型钠冷快堆多普勒效应是负反馈；但其空泡效应有可能是负反馈，也可能是正反馈。高温气冷堆的多普勒效应是负反馈；而其慢化剂温度效应是正反馈
压力作用	压力作用是利用预备压力释放形成的特性完成功能的一种能量传输方式。压力来源于系统内部，属于非能动范畴	二代反应堆中安注系统的安注箱上部充以氮气也是利用预备压力势产生注射功能
逆止阀	逆止阀是利用回路内流体动能特性完成其功能的一种能量传输方式。包括核电在内的能源工业中广泛使用的电动或气动逆止阀，相对于设计允许方向，利用回路内流体动能防止流体倒流	逆止阀的作用是只允许介质向一个方向流动，而且阻止反方向流动。通常这种阀门是自动工作的，即是非能动的。在一个方向流动的流体压力作用下，阀瓣打开；流体反方向流动时，由流体压力和阀瓣的自重合作用于阀座，从而切断流动。属于这种类型的阀门有内螺纹止回阀和蝶式止回阀

非能动技术	定义	技术应用
氢气复合器	氢气复合器利用催化消氢原理完成功能	采用催化消氢原理，使 H_2 与空气中的 O_2 在催化剂的作用下结合生成水，消除 H_2，并利用反应放出的热量和装置形成的“烟囱效应”作为气流循环的动力，使含 H_2 空气在安全壳与氢气复合器间形成对流循环，实现氢气复合器的“非能动”要求

1.2.3 非能动安全系统的范围

按照我国核安全法规《核动力厂设计安全规定》（HAF 102—2016）中有关安全系统的定义：“安全上重要的系统，用于保证反应堆安全停堆、从堆芯排出余热或限制预计运行事件和设计基准事故的后果”[7]，确切地说非能动安全系统就是用于应对预计运行事件和设计基准事故的非能动系统，如二代改进型反应堆（M310+）的安注箱、AP/CAP型反应堆的非能动安全系统等。

如上所述，严格根据 HAF 102—2016 中的定义，非能动安全系统不应包含应对设计扩展工况（DEC）的非能动系统。考虑到我国自主化设计的“华龙一号”反应堆上已广泛地采用非能动系统来应对 DEC（如二次侧非能动余热排出系统、非能动安全壳冷却系统等），为了全面地反映非能动系统在我国核电行业的工程应用情况，同时认为应对 DEC的非能动系统也承担相应的安全功能，因此本书中描述的非能动安全系统，既包括应对预计运行事件和设计基准事故的非能动系统，也包括用于应对 DEC 的非能动系统。

1.3 非能动安全系统的应用历史和发展状况

1.3.1 早期应用历史

在核能技术发展伊始，非能动技术即已被应用了，不过早期的应用是离散的、非系统性的，甚至称不上一个系统，仅利用非能动原理。1942 年，著名核物理学家恩里科·费米（Enrico Fermi）教授率领团队在芝加哥大学体育场看台下建设世界上第一座核反应堆（pile）——芝加哥 1 号时，设置了一套绳索吊挂的安全控制棒，并分派一个“安全控制斧头人”（Safety Control Rod Axe Man，SCRAM）手持利斧，随时准备砍断绳索，让安全控制棒重力下落，实现反应堆停堆，该设计的原理示意见图 1-1。这恐怕是非能动原理应用到反应堆上最早的案例。

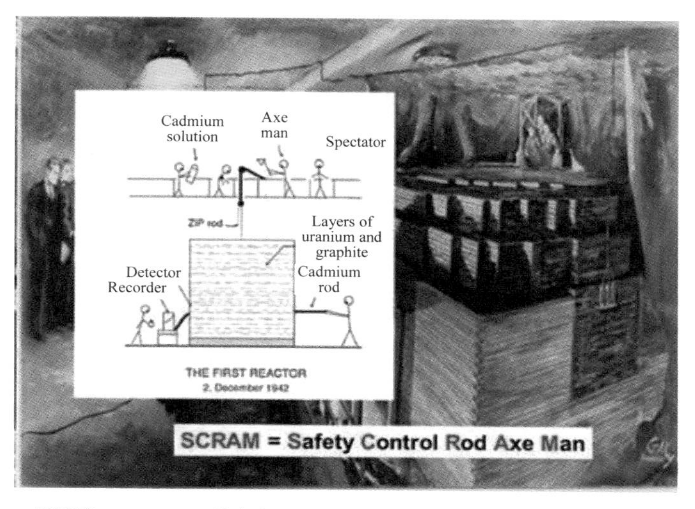

注：Cadmium solution—镉溶液；Axe man—斧头人；Spectator—观察者；Detector—检测器；Recorder—记录器；Layers of uranium and graphite—铀和石黑层；Cadmium rod—镉棒。

图 1-1 安全控制斧头人示意图

自 20 世纪 60 年代后期，核反应堆迎来快速发展阶段，逐步形成了比较成熟的、商业化的反应堆类型，如压水堆（PWR）、沸水堆（BWR）等，一些文件中把这个时期的核反应堆称为第二代反应堆。第二代反应堆技术中一些反应堆型号包含了非能动安全系统的设计，但仅限于简单应用，系统设计一般也不会很复杂，具有离散性的特点[8]，即：一项非能动技术的应用通常是为了解决某一具体问题或替代某一具体设备，各非能动系统大多独立用于不同场合，涉及的物理原理各不相同。美国西屋公司设计的压水堆 M312（该 PWR 型号后来被引进到法国，再由法国引进到我国大亚湾核电厂的 M310），其应急堆芯冷却系统（ECCS）设计中中压安注由安注箱实现，安注箱利用蓄压作用实现非能动的堆芯注入，可以说安注箱是一个比较简单且较早为大家所熟知的非能动安全系统。另一个典型的非能动安全系统应用是美国通用电气公司设计的沸水堆，其早期型号 BWR-3（Mark-I 型安全壳，即福岛第一核电厂 1 号机组采用的反应堆型号）的应急堆芯冷却系统设计，其中的隔离凝汽器箱系统就属于非能动安全系统。隔离凝汽器箱系统有两个独立且相互冗余的隔离凝汽器回路，蒸汽冷凝后依靠重力作用把冷凝水送回到反应堆系统，由此来冷却堆芯，带走余热，其原理图见图 1-2[9]。

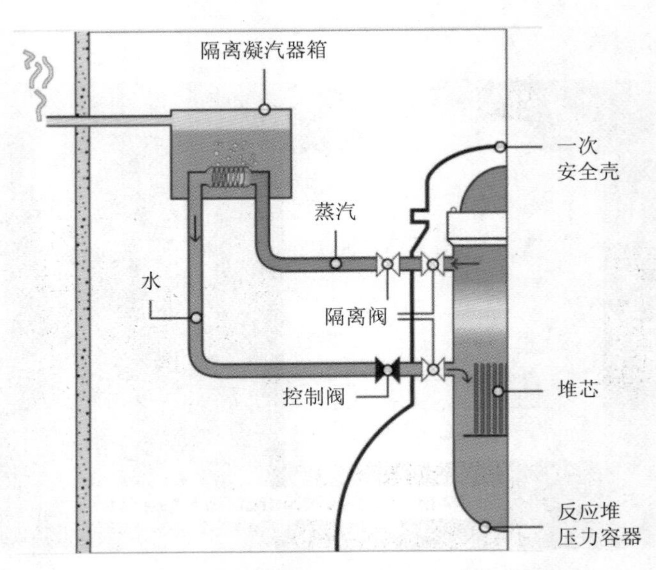

图 1-2 BWR-3 隔离凝汽器箱系统原理示意图

三哩岛核事故和切尔诺贝利核事故发生后，和平利用核能一度陷入低谷，为重拾核电发展的信心，使核电再次被工业界和公众所接受，一些主要核电国家探索开发“下一代”反应堆技术，并通过用户要求文件（URD）提出了一系列技术目标，包括安全性、经济性以及简化设计等。在这样的背景下，美国西屋公司突破传统的能动安全设计思路，创新地选择了采用非能动技术作为研究设计“下一代”反应堆的方向，经过对试验技术和方法的深入研究，并开展了大量的验证试验，设计出革新型的、采用非能动安全理念的 AP600 先进压水堆，为了适应市场需要后续又设计出型号 AP1000。AP 系列反应堆全部采用非能动安全系统应对设计基准事故，AP600 是国际上首次广泛地、系统地应用非能动技术并应对设计基准事故的大型商用先进反应堆型号。

目前非能动安全系统越来越多地被应用于国内外的一些先进反应堆型号的安全设计（如 VVER-1200、APWR+、SBWR、ABWR-II、ACR1000、APR1400 等）和一体化小堆型号（如 SMART、MASLWR、IRIS 等），而且非能动安全系统的设计也是多样化的。可以说，非能动技术和非能动安全系统在核反应堆安全设计中的应用，呈现出愈加广阔的前景和趋势。IAEA 于 2009 年发布的技术文件 IAEA-TECDOC-1624 中，对国际上各种型号水冷反应堆的安全设计中采用非能动安全系统的情况做了广泛的调研，并进行了分门别类的描述说明，详细情况见本书附表 1～附表 3[10]。

1.3.2 我国核电厂非能动安全系统发展状况

我国的第二代压水堆和第二代改进压水堆型号都少量应用了非能动技术，但在这些堆型中非能动还被置于从属甚至不很重要的地位。国内对非能动技术在反应堆应用的研究一直在进行，20 世纪八九十年代，中国核动力院、西南物理研究院及西安交通大学等就对核电厂二次侧非能动堆芯余热应急排放系统进行多次研究。我国早在 1986 年由清华大学开始建造的 5 MW 低温核供热堆（5MW THR），是世界上第一个投入运行的“一体化自然循环壳式”供热堆，具有主回路采用一体化布置、全功率自然循环冷却、良好的固有安全性等特点，可以说 5MW THR 是完全采用非能动安全设计的一体化反应堆[11]，在现在看来都是非常先进的设计理念。5MW THR 的具体系统介绍见本书第 3 章。除此之外，20 世纪 90 年代我国还自主研发了 10 MW 高温气冷堆实验堆（HTR-10）和中国实验快堆（CEFR），这些实验堆均使用了非能动安全系统。

近一段时期，我国先后建成投运了一些先进的第三代、第四代反应堆型号的首堆项目，包括 AP1000 依托项目、“华龙一号”（HPR1000）示范工程、“国和一号”（CAP1400）示范工程和球床模块式高温气冷堆（HTR-PM）示范工程项目。这些反应堆型号的安全设计中广泛应用了非能动安全系统，而且在经历型号研发、安全论证、调试运行、试验维修等各阶段工程实践和实际考验过程中，非能动安全系统的设计不断得到完善，并初步积累了一定数量的运行数据和工程经验。通过这些首堆项目的实践探索，核工业界和核安全监管部门对非能动安全系统的特性有了更深入的认识和理解。

尽管这些首堆核电机组运行时间不长，但非能动安全系统为核电机组带来的安全性提升、经济性优势，以及简化运维等效益是显而易见的，而且非能动安全系统越来越受到反应堆设计人员的青睐，成为未来反应堆发展的趋势。我国的核反应堆设计单位也不例外，在华龙后续型号设计和模块化小堆研究开发中，正在考虑更多地应用非能动安全技术，让非能动安全系统承担更多的、更重要的安全功能，以提升其安全性和经济性。当然，采用非能动安全技术，可以实现安全性和经济性平衡，提高华龙后续反应堆型号在竞争日益激烈的国际核电市场上的竞争力，加速推进核电“走出去”国家战略的实施。

参考文献

[1] 艾尔文 • H. 温伯格. 第一核纪元——美国核动力奠基人自传[M]. 吕应中，译. 北京：原子能出版社，1996.

[2] J Samuel Walker，Thomas R Wellock. A short history of nuclear regulation：1946-2009[M]. Rockvilk，Maryland：U.S. Nuclear Regulatory Commission，2010.

[3] 濮继龙. 90 年代新堆型：关于提高压水堆固有安全性的问题[J]. 原子能科学技术，1989（5）：92-96.

[4] EPRI. ALWR utility requirement document（URD），volume 1 [M]. California：EPRI，2014.

[5] International Atomic Energy Agency. IAEA-TECDOC-626 safety related terms for advanced nuclear plants[R]. Vienna：IAEA，1991.

[6] 周涛，李精精，汝小龙，等. 核电机组非能动技术的应用及其发展[J]. 中国电机工程学报，2013，33（8）：14，81-89.

[7] 国家核安全局. 核动力厂设计安全规定：HAF102—2016[S]. 北京：国家核安全局，2016.

[8] 韩旭，郑明光，杨燕华，等. 广义非能动系统概念研究[J]. 核动力工程，2009，30（3）：115-118，144.

[9] International Atomic Energy Agency. The Fukushima Daiichi accident：report by the director general[R]. Vienna：IAEA，2015.

[10] International Atomic Energy Agency. TECDOC-1624，passive safety systems and natural circulation in water cooled nuclear power plants[R]. Vienna：IAEA，2009.

[11] 王大中，董铎，马昌文，等. 5MW 低温核供热试验堆（5MW THR）[J]. 核动力工程，1990（5）：8-14.

第2章

非能动安全系统的特点

近些年由于非能动安全系统的显著优势，其在反应堆安全设计中越来越多地被运用，更重要的是它可以使核电厂反应堆在安全性和经济性上达到一个较好的平衡。但同时也应该关注非能动安全系统在执行安全功能过程中可能存在的弱点或不足，事故工况下这些因素可能影响非能动安全系统的性能甚至导致其安全功能丧失。

2.1　非能动安全系统的优势

非能动安全系统依靠重力、蓄能、自然循环等驱动力维持系统运行，使反应堆既简化了安全系统的设计，又在一定程度上提升了安全性，因而具有一些比较明显的优势。

2.1.1　系统运行可靠性高

非能动安全系统运用客观的物理规律，以重力、蓄能、自然循环等作为驱动力维持系统运行，无须采用泵、风机等复杂的能动设备或部件，也不需要动力交流电源、柴油发电机等提供外部动力源，因此减少了电源故障、机械部件故障导致的系统运行失效。非能动安全系统仅在系统启动时需要简单的设备动作（如阀门开启）或触发操作，并且这些设备通常采用故障安全设计，保证非能动安全系统能够可靠启动；系统运行中并不需要任何机械动作或操纵员干预，最大限度地减少操纵员误动作或错误操作对系统运行的影响，因而与能动安全系统相比具有较高的运行可靠性[1]。

2.1.2　减少人因失误影响

非能动安全系统的设计中仅允许（如果有的话）系统触发时引入简单的机械动作，系统运行中不再需要任何持续的机械运动或操纵员动作。在事故工况下，采用非能动安全系统设计的反应堆，几乎不需要操纵员干预就可以有效应对及缓解事故，如 AP1000 核电厂在设计基准事故发生的 72 h 内，非能动安全系统不依靠操纵员的任何操作即可使电厂处于安全状态[2]，而传统的能动电厂（如 M310 堆型）设计中考虑的操纵员不干预时间仅为 30 min。因此与能动安全系统相比，非能动安全系统很大程度上减少了反应堆对操纵员动作的依赖，从而减少人员干预可能引起的各种失误。

2.1.3　公众可接受性更高、辐照剂量更小

非能动安全系统利用物理规律作用，凭借自然驱动力就可执行安全功能，属于固有

的或自身的安全特性，与能动安全系统相比，有更好的公众可接受性。在经历 3 次影响较大的核事故之后，公众对反应堆传统的安全设计存在一定的顾虑，尤其是传统的反应堆能动安全系统的设计越来越复杂的情况下，可能会产生更多的机械故障和人因失误，采用非能动安全系统设计的反应堆具有更可靠的安全特性，因而更符合公众的安全期望。

非能动安全系统的设计相对比较简化，在役检查、定期试验和维修工作量较小，而且设计中还保留了延长定期试验和维修周期的可能性，因此电厂工作人员的辐照剂量将更小。

2.1.4 简化设计

采用非能动安全系统设计的反应堆，一个比较明显的特点是设计简化。首先，非能动安全系统自身的设计简化，与能动安全系统相比，不需要泵等大的部件，其包含的设备、部件比较少。其次，整个电厂设计配置的安全级支持系统大量减少，不需要为非能动安全系统设置诸如应急动力电源、安全级设备冷却等支持性系统，抗震厂房也显著减少[3]。简化设计不仅可以提高反应堆的安全性，还由于安全重要物项的减少而带来直接的经济效益，以及由于建设工期缩短、运行维护简化和换料大修时间减少而带来间接的经济收益。

2.2 非能动安全系统的不足

非能动安全系统存在缺少运行经验和数据、低驱动压头、其性能和效率易受到介质状况（如温度、流阻等）影响的不足，且非能动安全系统物理过程失效的模拟、可靠性和不确定性的定量评价也存在一定的困难。在某些特定情况下，这些弱项可能影响非能动安全系统执行预期的安全功能。

2.2.1 为系统验证工作带来新的挑战

按照核安全法规的要求，核反应堆的安全重要物项必须是“经验证的工程实践”，当引入未经验证的设计或设施时，必须借助适当的支持性研究计划、特定验收准则的性能试验，或通过其他相关的工业应用中获得的运行经验的检验，来证明其安全性是合适的。

过去近几十年，国内外对能动安全系统中的热工水力过程、评价软件、设计工具已进行了十分详尽的研究，积累了大量的试验数据和运行经验，而对非能动安全系统中的热工水力过程的了解相对较少，试验数据有限。非能动安全技术的广泛应用，需要做进一步的试验研究和工程验证。

反应堆设计中引入非能动安全系统时，为证明其安全性是合适的，能够满足预期的设计要求，就需要支持性研究计划建立适当的试验台架，充分验证非能动安全系统的安全性能。通常而言，非能动安全系统设计越复杂，其试验验证工作越具有挑战性，甚至需要借助专门研发的试验方法和验证技术。即便是这样，由于涉及的热工水力现象和物理过程比较复杂，台架试验也很难保证覆盖或模拟所有的事故工况。

2.2.2　驱动力低

非能动安全系统借助重力、密度差、蓄能等固有的物理规律作用作为驱动力，这些驱动力相对于能动系统而言，通常是比较小的。低驱动力会对系统内部分设备（如止回阀）的可靠性造成影响，同时也容易受到其他因素诸如系统内流动阻力、流体含有的碎片杂质等的影响，并增加了系统运行的不确定性来源。对于较长时间而言，一些影响因素（如部件内壁的沉淀和腐蚀、不凝结气体积聚）的累积效应，也可能对非能动安全系统的功能造成影响。

考虑到非能动安全系统的低驱动力，在传统的能动安全系统中可能不会考虑的因素，在非能动安全系统执行预期功能时变得比较敏感。有关的内容将在第 2.2.4 节中详细描述。

2.2.3　仍需采用少量的能动部件

仅依赖自然现象或物理规律作用的非能动安全系统，在工程领域是比较少的，事实上大部分非能动安全系统在启动或触发时都需要能动部件的简单动作。尽管非能动安全系统设计中限制采用能动部件，但工程上大部分非能动安全系统仍然对少量能动部件动作（如阀门状态改变）、动作信号和蓄电池有一定的依赖。例如，AP1000 机组中非能动安全壳冷却系统、非能动安全注入系统的投用都是通过信号触发相应阀门开启后，非能动系统才能投入运行。“华龙一号”机组中非能动堆腔注入子系统、非能动安全壳冷却系统同样是通过信号触发相应阀门开启后，相应的非能动系统才能投入运行[4]。而此处的阀门都是能动部件，也就是说非能动系统的投运依赖能动机械设备的状态，也是非能动系统在将来需要解决的重要问题。

非能动安全系统中可能含有的少量能动部件、系统触发相关的电仪部件、自带蓄电池，往往是非能动安全系统的薄弱环节，其可靠性和可用性在一定程度上影响系统能否可靠启动，并影响系统的误启动。

2.2.4 存在非能动系统的“功能失效”

由于减少了对外部动力源、控制和操纵员行动的依赖，非能动系统预计比能动系统更可靠，但非能动系统的一个不利的特性是驱动力往往较弱，非能动系统的性能往往对电厂状态的扰动更敏感。与传统能动系统不同的是，即使没有假定任何部件失效，由于电厂系统状态的劣化，非能动系统也可能无法执行其所需的功能。这就需要考虑一种适用于非能动系统的新型的故障模式，称为“功能失效”，是指非能动系统由于偏离其预期的状态而在投入运行时无法执行其预期功能[5]。具体来说，这一概念是指不利的初始/边界条件或出现不利的驱动压头引起的故障，而不是传统的能动部件故障。在能动系统中“功能失效”通常被忽略，因为存在足够的裕量来排除其发生，此外一个能动系统的工况点通常可以很容易地调整以补偿不利的电厂状态。在非能动系统中，往往系统性能预测的不确定性，可能会降低有效的安全裕量，因此有必要对影响非能动系统性能的热工现象进行研究以降低“功能失效”发生的可能。本章是 2.3 节对影响非能动系统性能及效率的热工现象进行简要的总结描述。虽然这些现象并不一定是非能动系统所特有的，但由于非能动系统弱驱动力的特性，对非能动系统的影响可能更大。

2.2.5 缺乏成熟的可靠性及不确定性评价方法[6-8]

非能动系统中事故工况下无须动力源驱动，完全依靠自然驱动力的，更加安全可靠。但是在事故工况下，非能动系统是否能够 100%启动并自发运行，这是一个待验证的问题。非能动系统中的有关设备也存在失效的可能，从而导致非能动系统无法投入运行。并且当电厂运行状态与设计状态不完全一致，引起功率、压力等运行参数偏离设计状态时，系统在某些参数下可能不会启动。因此，非能动技术的可靠性还有待进一步验证和加强。

非能动安全系统的可靠性应该从两个主要方面来看：系统/部件的可靠性和物理现象的可靠性。第一个方面要求设计性能良好的安全部件，至少具有与能动部件相同的可靠性。第二个方面是关于自然物理现象在一个特定的系统中的运作方式，以及介质和周围环境对系统部件特性的长期影响。它要求识别和量化现象、介质环境和系统之间相互作用中的不确定性。后者应辅以概率安全分析（PSA）进行设计优化。识别故障的模式/原因，从实际经验以及当前试验结果中收集数据，以获得对非能动系统功能可靠性影响的信息。而现状就是缺乏关于非能动系统重要现象的数据，特别是缺乏关于在预期运行的特定情况下物理过程的数据。

尽管非能动系统的固有安全性高于能动系统，但并不意味着它完全可靠，绝对不会失效。在某些情况下，可能建立自然法则的条件不成立或自然法则成立但提供的力量不足，导致系统不能达到规定的功能效果（输出参量大于或小于规定的值）时，非能动系统处于失效状态。因此非能动系统同样存在失效的可能性，只不过概率可能相对会很小。非能动系统失效可由部件失效和物理过程失效两部分组成，而物理过程失效在能动系统中通常是不研究的，因为在能动系统中，物理过程是由外部的能动部件驱动的，驱动力通常不受事件序列演变过程的影响，只要能动部件不失效，其物理过程一般不会失效。但在非能动系统中，物理过程不是依靠能动部件驱动的，而是依靠自然力（如在自然对流、自然循环等机制下依靠重力作用），其驱动力和阻力都受到很多不确定因素的影响，正是这些不确定性的存在，即使部件都正常，仍然有可能使得系统达不到额定的工作要求。可见物理过程失效的研究对于非能动系统是非常重要的。

由于非能动安全系统运行过程中相关的物理过程比较复杂，并且还可能存在较多的不确定性，因而对物理过程失效的模拟存在一定的困难。非能动系统的故障模式也可能与较熟悉的能动系统不同，因此非能动系统的可靠性量化仍然是一个困难的过程。对非能动安全系统的可靠性及其不确定性评价工作，国际上正在组织开展相关的研究，目前还没有成熟的、普遍认可的评价方法。

2.2.6　缺乏运行相关的经验

尽管非能动安全的概念在 20 世纪 80 年代就已提出了，国内外也进行了大量的研究工作。但目前世界范围内真正投入商业运行的非能动安全系统核电厂非常有限，因此缺乏运行相关的经验和数据，特别是以下两个方面应重点关注。

一是对核电厂老化方面的考虑。这是当前电厂性能中最重要的方面之一，因为随着电厂的老化，总是会出现意想不到的问题，并且需要持续的计划来确保电厂的使用。在核能利用经济性方面的压力意味着电厂老化管理在未来会得到更多的关注，目前全球范围内的核电厂在安全允许的范围内尽可能地延寿运行，因此，新的设计将需要能够明确地证明其预测的寿命能够达到，如 60 年或更久。对于非能动系统，完全缺乏关于在这种条件下的性能数据。例如，储存能量装置的劣化，沉积物导致流体通道的堵塞，冷却剂系统化学成分的任何变化对结构材料的环境条件影响等。此外，还存在系统试验方面的问题，很多非能动安全系统本身是“不可试验的”，如某些余热排出系统只在事故条件下运行，通常电厂是无法甚至是不允许模拟这种条件的。与电厂老化相关的另一个问题是对非能动系统的维护或更换可能对非能动系统性能产生有害的影响。

二是对在役试验方面的考虑。无论是能动系统还是非能动系统，都需要进行相应的在役试验。非能动系统要么必须是“可试验的”，要么必须有经论证的足够理由或经验来表明其可不进行试验。例如，某种形式的非能动安全壳冷却系统，设计中要应对与事故相关的热负荷，但进行全规模的系统试验几乎是不可能的。但其带热能力可能受到多种因素的影响，如表面沾污、氧化、结垢等，因此必须设计某种形式的检查和部件试验；核电厂用到的爆破盘等破坏性装置也是没有办法进行在役试验的，因为如果试验成功即表示其失效，此类物项通常通过在生产过程中较高的质量保证，加上生产过程中频繁的随机测试来保证其可靠性。

2.3 影响非能动安全系统性能及效率的热工水力现象[9−13]

在过去的三四十年里，为理解现有的核反应堆的热工水力现象，并进行计算机分析程序的开发和适用性评价，核工业界开展了全面的实验和程序开发研究活动。在这样的背景下，也阐明了非能动安全系统的一些现象，如一回路自然循环、非能动安全注入的特性等。然而总体来说，在非能动安全系统热工水力现象的理解和评价方面，以及相关分析程序的开发和适用性评价方面还相对缺乏。加深对影响非能动安全系统性能的关键热工水力现象的理解，对设计中系统参数范围的确定、系统的能力评价以及计算机分析工具适用性的证明等有着重要意义。

2.3.1 大型水池中的热工水力现象

一些先进设计的反应堆非能动安全系统中采用了大型水池，在接近大气压力的情况下，这些水池给通过自然循环排出反应堆或安全壳的热量提供热阱，某些情况下也作为冷却堆芯的水源。例如，ESBWR 的抑压池（湿井）、AP1000 的安全壳内置换料水箱、SWR-1000 的应急冷凝器池和 AHWR 的重力驱动水池。

在大型水池中，有限区域内的传热（如通过冷凝注入的蒸汽或通过换热器的传热）

并不意味着池中的温度均匀或接近均匀。三维对流的发展影响了传热过程，从而导致了温度分层（热分层）。热分层是指在一个大池中形成不同温度水平的流体层的现象。这种分层是热和冷流体之间形成密度梯度的结果；较热的流体密度较低，上升到池的顶部，较冷的流体下降到底部。这种现象对于将热交换器淹没在大水池中的系统很重要，如内置换料水箱（IRWST）。在远离热交换器时，流体可以停滞在一个稳定的分层状态下。因此，自然循环将只发生在热交换器的附近，从而降低了系统的整体传热能力，该水池的有效热容也大大降低。此外，传热或喷射产生的蒸汽可能从池中释放到安全壳中，并导致安全壳压力的增加。由于温度分层现象的存在，在大部分流体过冷状态时，水池顶部的流体可能已达到饱和温度。水池顶部的蒸发导致安全壳的压力增加。因此，温度分层会影响电厂的设计，应在模拟和试验中对该现象进行适当的考虑，以确定是否以及在什么条件下会发生热分层，以及会对系统产生什么影响。

2.3.2　堆芯补水箱内热工水力现象

一些先进的反应堆设计采用堆芯补水箱（CMT），通过自然循环提供高压阶段的堆芯补水和冷却。CMT 内充满低温浓硼水，储罐顶部和底部连接到反应堆一回路。CMT 的注入直接取代了传统压水堆中使用的高压注射泵，属于高压安全注射阶段唯一的冷却剂源。CMT 的工作原理主要是利用 CMT 与堆芯的高度和密度差，在重力作用下形成驱动压头，驱动 CMT 内的含硼冷水向反应堆压力容器内注入，实现堆芯的补水和冷却。CMT 通常通过位于容器底部的隔离阀与反应堆压力容器隔离，流体通过顶部连接管线感应到整个系统的压力。在事故工况下，底部隔离阀打开以形成自然循环回路，并允许含硼冷水流向堆芯。堆芯和 CMT 之间的相对高差以及热的一次侧系统水和冷的 CMT 水之间的密度差产生浮力驱动的自然循环流，从而消除了对泵的需要。

根据事故类型和事故严重程度的不同，CMT 运行主要存在两种模式，分别为水循环模式和蒸汽替代模式，其中水循环模式是指堆芯的热水经压力平衡管线流入 CMT，CMT 内储存的含硼冷水通过管线直接注入反应堆压力容器，CMT 内部逐渐被热水充满，冷水逐步被置换，自然循环驱动力逐步减弱，整个循环过程以水为工质进行，不涉及蒸汽；蒸汽替代模式是指堆芯内蒸汽经压力平衡管线流入 CMT，在 CMT 液体表面和低温壁面处发生冷凝，冷凝水随即补偿 CMT 液位，该循环模式下涉及蒸汽-水相变、CMT 排水、液位持续下降等现象。CMT 工作过程与反应堆冷却剂系统状态密切相关，同时其内部还存在复杂的蒸汽冷凝流动、热分层等过程，因此国内外学者对 CMT 相关的热工水力现象开展了大量研究。在循环阶段中，可识别的较为明显的现象或参数包括系统自然循环速率、硼的迁移、冷热分层和破口位置；在蒸汽替代阶段，可识别的较为明显的现象或参数包括闪蒸、蒸汽冷凝、壁面储热释放等。

2.3.3 不可凝气体的影响

存在不可凝气体的情况下，蒸汽的冷凝带热作用会受到很大的影响。不可凝气体往往由蒸汽携带到冷凝器壁，当蒸汽被凝结时，不可凝气体倾向于聚集在冷凝器附近。这些气体形成了后续的蒸汽凝结的障碍，剩余蒸汽必须扩散通过聚集的不可凝气体。当考虑到安全壳壁面和换热器壁面上的冷凝时，这种效应尤为重要，例如，在AP1000的非能动安全壳冷却系统（PCS）中，安全壳空间内含有空气等不可凝气体会阻碍向安全壳壁面的传热。

不可凝气体的存在也会对自然循环产生影响，一方面不可凝气体在回路中的聚集可能会影响流动的稳定性甚至阻断流体的自然循环，另一方面会影响回路中的蒸汽冷凝，从而降低自然循环带热的效率。根据三哩岛核事故的经验反馈，考虑到不可凝气体对一回路自然循环的影响，在反应堆压力容器的顶部设置了堆顶排气系统，用于在自然循环的长期阶段排出压力容器顶部聚集的不可凝气体；同样，在非能动堆芯冷却系统长期运行的情况下，也应考虑可能存在的不可凝气体积聚对自然循环的影响，并采取相应的措施。此外，安注箱中的氮气是不可凝气体的来源，它会影响核电厂蒸汽发生器管内的冷凝传热，并可能影响CMT的性能。

工业界对自然对流和强制对流中不可凝气体对蒸汽凝结的影响进行了广泛的研究，包括不同几何形状（如管、板、环）、不同流动方向（水平、垂直）以及不同的应用。冷凝传热受到不可凝气体质量分数、系统压力、气体/蒸气混合物雷诺数、表面取向、界面剪切、冷凝物普朗特数等参数的影响，虽然已在预测不可凝气体影响方面做了不少工作，但对这一现象的精确建模还需要开展大量深入的研究工作。

2.3.4 漩涡现象

当液体通过一个限制流动的出口时，由于流速的变化和流量的限制，会产生旋转的涡旋状流动，进而形成漩涡。如冷却水在重力的作用下注入堆芯时，在水池中可能形成漩涡，这种现象在系统内的一个典型例子是内置换料水箱（IRWST）注入口附近形成漩涡。漩涡现象的产生将使得进入堆芯的有效注入流量降低，在一定的条件下，空气会在离开水池时被流体携带，因此这也是一回路系统中不可凝气体的一个来源。

漩涡形成的主要作用力有重力、黏滞力和表面张力，从形成漩涡的原因分析，归纳起来有 3 个方面的因素：①注入口上游的水流条件，包括水流流速的大小、方向、环流强度等；②注入口附近的局部流态，一般取决于布置构造的特点与边界条件；③水箱自身的水力学条件，包括水箱水位、注入口淹没深度等。由于是否形成漩涡的理论分析比较困难，实际应用中一般通过模拟试验确认是否有漩涡现象发生。

2.3.5　反向流动限制

在考虑两相混合物通过管道流动时，特别是当液相与气相向相反的方向流动时，反向流动限制是很重要的。例如，如果堆芯补水通过热管段注入，同时蒸汽通过热管段喷出。两相流体反向流动，相间曳力往往会减缓任意方向的流动，导致可达到的流量有一个最大限值，这种现象被称为反向流动限制（CCFL）。当相间曳力足以阻止一个方向的流动时，就存在一种极端情况，可能导致堆芯补给水无法到达堆芯。

2.3.6　流动不稳定性

流动不稳定性在单相系统强迫循环中很少出现，这些现象对传统压水堆的设计来说基本上不是问题，但单相和两相自然循环系统都非常容易受到流动不稳定的影响。在这些系统中流体动力学和传热之间存在强耦合，自然循环系统中的流量强烈地依赖冷却剂离开堆芯时的温度，而冷却剂温度又取决于通过堆芯的流量等。因此，采用自然循环的非能动安全系统的一个主要问题就是两相情况下可能存在流动不稳定等不安全状态。

流动不稳定性是指流体在一个质量流密度、压降和空泡之间存在热力和流动力学相耦合的两相系统中受到一个微小扰动后所产生的流量漂移或者以某一频率的恒定振幅或变振幅进行的流量振荡现象。从安全角度来看，流动不稳定性的发生会引发许多问题，例如，流动振荡会引起系统部件的机械振动，有可能使其疲劳失效；流动振荡可能诱发过早出现的偏离泡核沸腾现象，并可能进一步导致热工水力特性-中子耦合引起的功率振荡；在具有高上升段的单相自然循环系统中，可能发生从单相到两相流动状态的转变导致流动振荡，从而挑战依靠自然循环排出余热的系统性能。

2.3.7　各种几何结构下的热–流体力学现象和压降

压降是流体系统中两个位置点之间的压力差。一般来说，压降可能是流动阻力、高程、密度、流动面积和流动方向的变化引起的。自然循环系统中的压降对其稳态、瞬态和稳定性能起着至关重要的作用。

通常情况下，将流动系统中的总压降表示为其单个分量的总和，如摩擦引起的分布压力损失，形状、流动面积、方向的突然变化造成的局部压力损失等，以及加速度（流动面积变化或流体密度变化引起）和高程（重力效应）造成的压力损失（可逆性损失）。影响压力损失的一个重要因素是几何形状，在核反应堆中，存在几个基本的几何形状（圆管、环管等），以及一些特殊装置，如棒束、热交换器、阀门、管头、泵、大型水池等。其他因素涉及流体状态（单相或两相，单组分、双组分或多组分）、流动性质（层流或湍流）、流型（气泡、塞状、环形等）、流向（垂直向上流、向下流、倾斜流、水平流、逆流等）、流类型（分离和混合）、流路径（一维或多维、开放或封闭路径、分配器或集电器）以及运行条件。

热-流体动力学现象的一个重要焦点是阻碍流动充分发展的几何条件，特别是当所讨论的流体是蒸汽、空气和水的混合物时，这种复杂的热-流体动力学现象值得特别注意。然而，虽然在许多系统中，如核电站的主系统，流量大多没有完全发展，但在这些系统中使用的压降关系通常是充分发展流体的压降关系式。这种做法也被实验证明在大多数情况下是适当的。然而，在某些特定情况下，如安全壳内部几何形状，有必要考虑发展中区域的热-流体动力学现象。最后一个非常重要的问题是，驱动力取决于流动是由流体的密度差（自然循环）还是由泵（强制对流）维持，或者在压力损失和获得功率之间是否会有反馈。通常，装置内部的压力损失取决于通过装置的流动性质，而不是引起流动的驱动压头的性质。然而在某些情况下，由于局部效应，压力损失也可能会受到驱动力性质的影响。

2.3.8 流体空化

在某些非能动安全系统的设计中，事故后通过直接压力容器注射（DVI）管线将水注入反应堆堆芯，以维持堆芯淹没和冷却。直接注入管线与堆芯补水箱、安注箱、IRWST和再循环流道出口管道相连，作为非能动流道的一部分，其阻力特性需满足一定的要求。DVI 管嘴通常设计为节流件，水流经喉部时流速增加，该处静压会下降，若低于饱和蒸汽压力时，这时水迅速汽化，从而产生空化现象。空化是指液体内部局部压强降低到饱和蒸汽压之下时，液体内部或液/固交界面上蒸气或气体空泡形成、发展、坍缩和溃灭的过程。空化现象会导致流体注入的局部阻力大幅增加，降低注入流量，影响事故的缓解进程。此外，长大的空泡在固体壁面附近频频溃灭，壁面就会遭受压力的反复冲击，从而引起材料的疲劳破损和产生空化现象附近的管路振动。

参考文献

[1] 周涛，李精精，汝小龙，等. 核电机组非能动技术的应用及其发展[J]. 中国电机工程学报，2013，33（8）：81-89.

[2] 林诚格. 非能动安全先进压水堆核电技术[M]. 北京：原子能出版社，2010：433-571.

[3] 刘耀华，周婷. 非能动技术在核电机组中的应用和发展[J]. 科技风，2015，9（107）：117.

[4] 肖泽军，卓文彬. 先进压水堆非能动安全系统研究进展[J]. 核动力工程，2004，25（1）：27-31.

[5] Dustin Langewisch，George Apostolakis. NRC-MIT Cooperative agreement for advanced nuclear reactor technology task 2：reliability of passive safety systems[R]. 2008.

[6] 黄昌蕃，匡波. 非能动安全系统可靠性评估方法初步研究[J]. 核安全，2012（1）：35-41.

[7] Pagani L P，Apostolakis G E，Hejzlar P. The impact of uncertainties on the performance of passive systems[J]. Nuclear Technology，2005，149（2）：129-140.

[8] Burgazzi L. Passive system reliability analysis：a study on the isolation condenser[J]. Nuclear Technology，2002，139（3）：3-9.

[9] IAEA. TECDOC-1624，passive safety systems and natural circulation in water cooled nuclear power plants[R]. Vienna，2009.

[10] Reyes J N. NIAEA-TECDOC-1474，natural circulation in water cooled nuclear power plants：phenomena，models，and methodology for reliability assessments. Annex 12[R]. Vienna，Austria，2005.

[11] Juhn P E，Kupitz J，Clevelan J D. IAEA activities on passive safety systems and overview of international development[J]. Nuclear Engineering and Design，2000，201：41-59.

[12] NRC. NUREG-1793，final safety evaluation report related to certification of the AP1000 standard plant design[S]. Washington D.C.：NRC，2011.

[13] Hwang J H，Park J，Min K J. A numerical study on the flow control characteristic of a cavitating venturi with one-and two-stage diffusers[J]. Journal of Mechanical Science and Technology，2021，35（4）：1-10.

第3章

非能动安全系统介绍

早期的 M310 或 CPR1000 核电机组，其安全系统绝大部分是需要电源支持的能动系统，但也包含一些非能动系统或子系统，例如：①控制核反应性的控制棒和停堆棒，在失电情况下会借助重力作用下插，终止裂变反应；②安全注入系统的安注箱子系统是一个蓄压系统，当反应堆冷却剂系统压力降低到一定值时，安注箱子系统自动向反应堆冷却剂系统注入硼酸溶液以保证堆芯的短期冷却，该子系统一般包括 3 个独立的安注箱；③在主冷却泵计划停转或事故停转后，借助主冷却系统不同区域的密度差实现自然对流；④在事故工况下，释放到安全壳内的氢气可通过催化剂与氧气反应实现消氢。而我国在近十年内修建的 AP1000 堆型以及“华龙一号”堆型，广泛采用了非能动安全系统。AP1000 作为先进的轻水堆，其典型特征就是采用了非能动安全系统应对设计基准事故，我国自主设计的“华龙一号”机组，目前也大量地采用了非能动安全系统应对设计扩展工况。本章主要介绍了 AP1000 和“华龙一号”机组采用的非能动安全系统，此外，对钠冷快堆、高温气冷堆、低温供热堆等堆型的非能动安全系统也进行了简要描述。

3.1　AP/CAP 堆型的非能动安全系统[1,2]

3.1.1　非能动堆芯冷却系统

美国西屋公司设计开发的 AP600、AP1000 是典型的非能动先进轻水堆（Advanced Light - Water Reactor，ALWR）核电厂。我国自引进 AP1000 技术以来，除了在三门核电一期工程和海阳核电一期工程建造 4 台 AP1000 核电机组作为依托项目外，在消化和吸收基础上开发的 CAP1000，以及通过提升功率、再创新设计开发的国和一号（CAP1400），都属于非能动安全反应堆（本书中统称为 AP/CAP 系列）。

AP/CAP 堆型的非能动堆芯冷却系统（PXS）主要由非能动余热排出子系统、非能动安全注射子系统等部分组成（图 3-1）。PXS 的主要功能是在假想的设计基准事故下提供应急堆芯冷却，具有以下 4 种功能：①应急堆芯余热排出；②反应堆冷却剂系统（RCS）应急补水和硼化；③安全注入；④安全壳内 pH 控制。

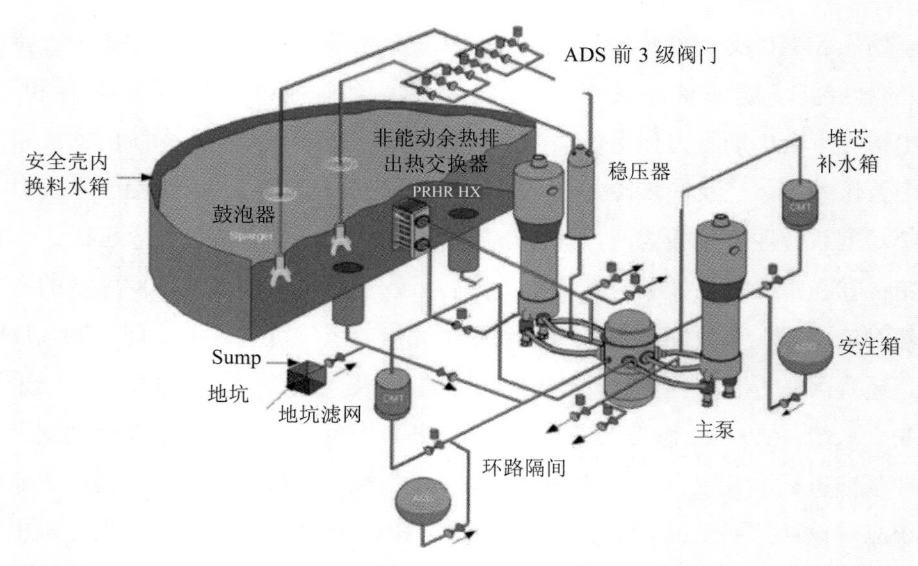

图 3-1 非能动堆芯冷却系统

按上述功能可以将本系统分为 3 个子系统（其中上述功能②③由一个子系统承担）。

（1）非能动余热排出子系统

非能动余热排出子系统是非能动堆芯冷却系统的组成部分之一，其功能是在电厂瞬态、事故期间，当反应堆正常热量导出失效时排出堆芯的衰变热。该子系统的主要设备是非能动余热排出（PRHR）热交换器，该热交换器布置在属于非能动安全注射子系统（PSIS）的内置换料水箱（IRWST）内，IRWST 内的水作为 PRHR 热交换器的冷却介质。系统还包括相应的管道、阀门和仪表。图 3-2 为非能动余热排出子系统流程原理图。

IRWST 的位置高于反应堆，PRHR 热交换器上联箱的入口管与反应堆冷却剂系统（RCS）1#环路的主管道热段相连接，入口管路上装有一个常开的电动阀，下联箱的出口管路上有两个多重的并联常关气动阀。当反应堆正常运行时，一旦蒸汽发生器失去给水，或 PSIS 堆芯补水箱投入运行，则出口管路上的两个气动阀自动打开。由于 PRHR 热交换器和反应堆之间存在位差和温差，所以气动阀打开后即产生反应堆冷却剂的自然循环流，其流动的方向与主泵产生的强制流方向相同。主泵停机前，主泵能同时为 PRHR 热交换器提供强制流。而在主泵停止后反应堆的衰变热继续以自然循环方式传至 IRWST。

PRHR 热交换器投入约 2 h，IRWST 内的水达到饱和温度，水箱内产生的蒸汽进入反应堆安全壳，并由安全壳的壁面冷凝。冷凝液沿钢制安全壳内壁向下流至安全壳运行平台处，由安全级的集水槽收集后被引回 IRWST 水箱内，冷凝液继续作为热交换器的冷却介质。当电厂正常运行时，集水槽中收集的水被引向地坑。一旦 PRHR 热交换器投入运行，集水槽疏水管上的安全级隔离阀自动关闭，集水槽中满溢的水直接进入 IRWST 水箱。钢制安全壳外壁由非能动安全壳冷却系统（PCS）喷洒水形成的水膜和安全壳外自然对流的空气进行冷却，最后将反应堆的衰变热排入最终热阱——大气。

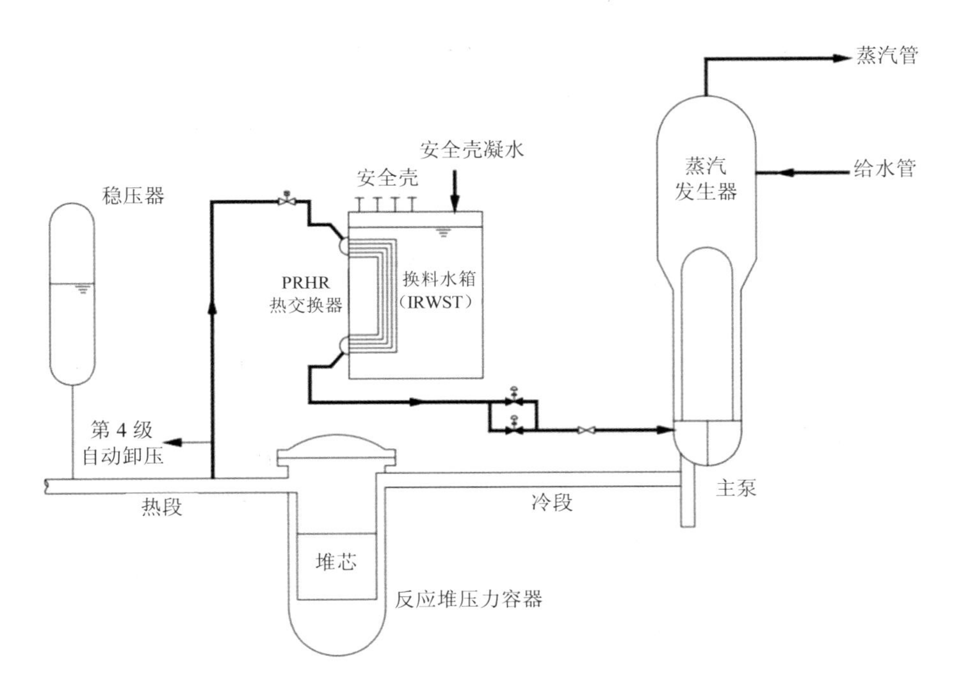

图 3-2　非能动余热排出子系统流程原理图

非能动余热排出子系统有能力在 36 h 内将 RCS 的温度降至 215.6℃，以进入安全停堆状态。在蒸汽发生器失去排热功能的非冷却剂丧失事故（非 LOCA）下，非能动余热排出子系统足以使 RCS 卸压，并达到正常余热排出系统（RNS）投入的工况。

（2）非能动安全注射子系统

非能动安全注射子系统的功能包括（图 3-3）：

1）在 RCS 补水不足或失效等非 LOCA 的瞬态或事故下，为 RCS 提供应急补水和硼化。

2）在 RCS 包括主管道双端破裂等各种破口的 LOCA 事故下，PSIS 为冷却堆芯提供 RCS 的安全注射。

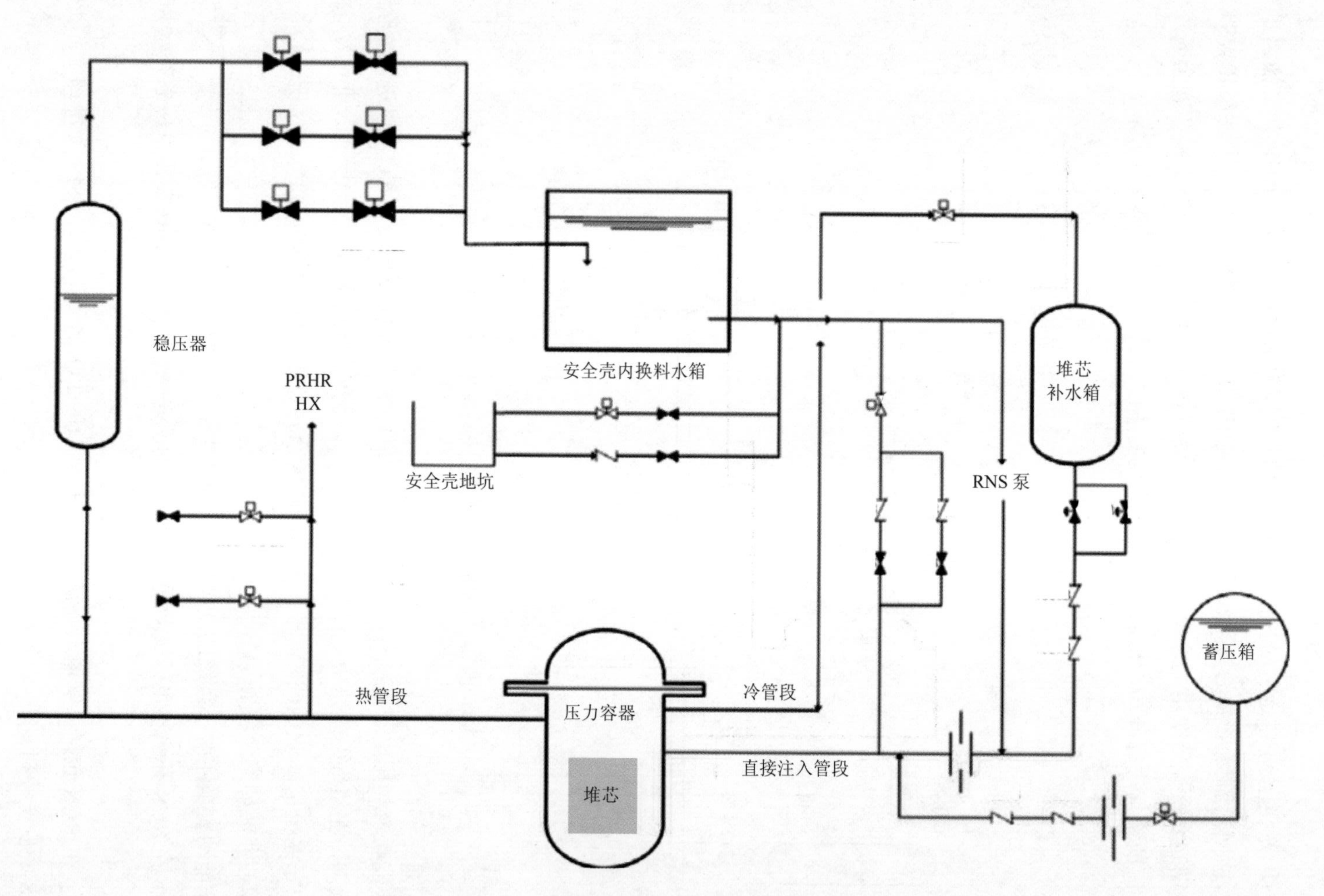

图 3-3 非能动安全注射子系统简化流程图

3）事故后向安全壳内添加控制 pH 值的化学物，创造良好的安全壳淹没环境，以将高活性的放射性核素滞留于水中，并防止安全壳内的设备在长期淹没的条件下发生腐蚀。

非能动安全注射系统包括两个堆芯补水箱（CMT）、两个安注箱（ACC）和一个 IRWST，装有调节 pH 的磷酸三钠篮子和相应的管道、阀门、仪表及其他相关设备。

非能动安全注射子系统有 4 种非能动注射水源：①两台堆芯补水箱提供较长时间较大的注射流；②两台安注箱在数分钟内提供非常大的注射流；③一个内置换料水箱提供很长时间较小的注射流；④上述 3 个水源完成注射后，受淹的安全壳成为长期的水源，通过自然循环实现堆芯的再循环冷却。

CMT 位于安全壳内，其位置稍高于主泵，箱内充满 3 500 ppm①的低温浓硼水。在发生导致反应堆冷却剂误冷却的假想事件，如一条蒸汽管线破裂时，CMT 自动向反应堆冷却剂系统提供足够的硼水补偿了反应堆冷却剂的收缩，同时硼水也抵消了反应堆冷却剂温度降低导致的反应性增加。每台 CMT 通过一根出口注射管线和一根连接到冷段的入口压力平衡管线与反应堆冷却剂系统相连，出口管线由两个常关、并联的气动隔离阀隔离，阀门在失气或失电以及接到控制信号后打开；连接到冷段的平衡管线的隔离阀常开，以维持 CMT 处于反应堆冷却剂系统压力的状态。

安注箱内充有 2 700 ppm 的浓硼水，箱体上部由压缩氮气加压，以实现快速注射。出口管上装有一个常开的电动隔离阀和两个串联的止回阀。出口管与反应堆压力容器的直接注射管相连。

换料水箱的位置略高于 RCS 的主管道，出口装有滤网，每个系统的注射管上各有一个常开的电动阀、两个并联的止回阀和两个并联的爆破阀。爆破阀根据自动卸压系统第 4 级阀门的动作信号自动打开，只有 RCS 完全卸压后才能实现换料水箱的重力注射。

每个系列的安全壳再循环注射管分为两路，一路装有一个电动阀和一个爆破阀，另一路为一个止回阀和一个爆破阀。当换料水箱的液位到低−3 液位时，爆破阀和电动阀自动打开，安全壳再循环地坑内的水经再循环滤网进入反应堆（图 3-4）。

① 1 ppm=1 μg/mL。

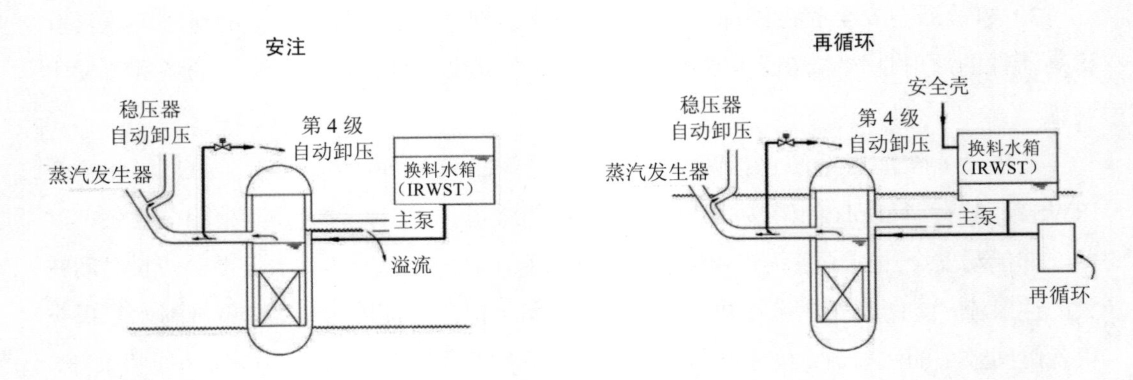

图 3-4　安注及再循环示意图

自动卸压系统（ADS）的阀门是反应堆冷却剂系统的组成部分。在发生假想事故工况后，根据非能动堆芯冷却系统的要求执行应急堆芯冷却功能，自动卸压系统按次序开启其阀门。自动卸压系统阀门的开启次序为反应堆冷却剂系统提供一个可控的卸压过程，并能防止同时开启多于一级以上的阀门；第 4 级卸压子系统的爆破阀是被联锁的，在反应堆冷却剂系统的压力没有充分降低之前是不能开启的。第 1、2、3 级自动卸压子系统的控制阀在隔离阀开启之后开启，两者开启之间有一些滞后时间。

（3）安全壳内 pH 控制子系统

安全壳内 pH 控制子系统包括 4 个 pH 调节篮，其布置高度低于事故后最低淹没水位，当淹没水位达到篮子高度时，即形成非能动的化学物添加。

当发生严重事故时，堆芯损坏，RCS 中的放射性物质释放到安全壳内。pH 控制子系统用于向安全壳再循环水中自动添加化学物质，将安全壳再循环水的 pH 控制在 7.0～9.5。

pH 调节篮中装有颗粒状的磷酸三钠（TSP）。调节篮高于地面约 30cm，以避免正常运行时安全壳内可能产生的地面水溶解 TSP 现象。

3.1.2　非能动安全壳冷却系统

AP/CAP 堆型的非能动安全壳冷却系统（PCS）是一个安全级系统，能够直接从钢制安全壳容器向环境传递热量，以防止安全壳的气体在设计基准事故后超过设计压力和温度，并可在较长时间内持续降低安全壳内的压力和温度。

非能动安全壳冷却系统利用钢制安全壳壳体作为一个传热表面，蒸汽在安全壳内表面冷凝并加热内表面，然后通过内表面涂层导热将热量传递至钢壳体。受热的钢壳外表面通过对流、辐射和物质传递（水蒸发）等热传递机制，将水和空气冷却。热量以显热和水蒸气的形式通过自然循环的空气带出，来自环境的空气通过一个“常开”流道进入，最终通过一个高位排气口返回环境。位于屏蔽厂房顶部的储水箱在接到安全壳高-2 压力或温度信号后，通过重力自动用水洒湿安全壳壳体。储水箱的水量保证至少在 3 d 内不需要操纵员的干预（调节流量或补充冷却水）。

非能动安全壳冷却系统由一台与安全壳屏蔽厂房结构合为一体的储水箱（PCCWST）、从水箱经由水量分配装置将水输送至安全壳壳体的管道，以及相关的仪表、管道和阀门构成。此外，环绕在安全壳壳体上部、位于屏蔽厂房和安全壳之间的空气导流板结构提供了屏蔽厂房内的空气流道。该空气流道也包括空气入口及空气/水汽排放口，这些是屏蔽厂房结构中的一部分。具体示意如图 3-5 所示。

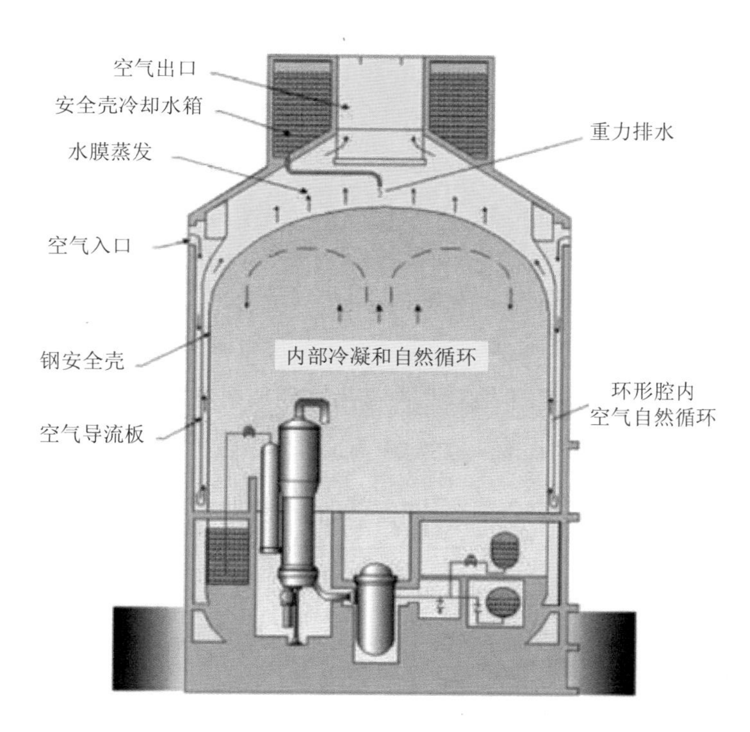

图 3-5　非能动安全壳冷却系统示意图

事故发生后，在安全壳和屏蔽厂房之间的空气流道中形成自然循环驱动力，使空气沿着安全壳壳体外表面向上流动，促进安全壳壳体表面的水分蒸发；即使由于一些因素 PCCWST 没有得到厂内或厂外水源的补水，也能够对安全壳进行无限期的空气冷却。空气流道包括装有滤网防护结构的空气吸入口和空气导流板，空气导流板将安全壳外表面与屏蔽厂房内表面之间的空间分隔为两个环形区域，空气导流板外侧环形区域内的空气向下流动，而内侧环形区域内的空气沿着安全壳壳体向上流动。空气从一个高位排放烟囱排出，烟囱位于安全壳屏蔽厂房的上部。空气出口位于安全壳容器正上方中心位置，既可以增加空气上浮的驱动力，也可以防止被加热过的热空气重新进入屏蔽厂房的空气入口，保证在任何外部风向的情况下都不会影响空气的自然循环流动。空气入口和空气出口的设计还可以防止冰雪堆积或外界的其他物体堵塞空气流道。

3.1.3 主控室应急可居留系统

AP1000 设计有非能动的主控室应急可居留系统（VES），在设计基准事故（DBA）或核电厂失去正常交流电源（AC）事故下，为主控室（MCR）提供可居留环境，包括：

— 为 MCR 人员提供可呼吸空气；

— 维持 MCR 相对微正压，减少气溶胶污染物渗入；

— 提供 MCR 再循环过滤气流，控制剂量水平；

— 利用构筑物蓄冷能力，提供非能动冷却，限制温升。

该系统主要由 32 台压缩空气储存罐、1 台空气过滤机组和 1 台空气喷射器，以及相关的管道、阀门、风阀和仪表组成。如果在失去交流电源超过 10 min 或主控室供空气管道内测量到超过了规定限值的“高-高”微尘或碘放射性的情况下，保护和安全监测系统自动隔离主控室正常通风系统，然后由 VES 满足操纵员的可居留要求。

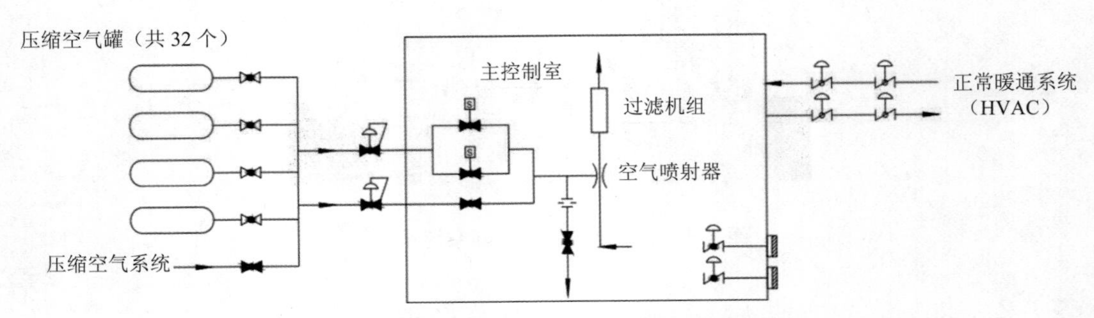

图 3-6 非能动的主控室应急可居留系统示意图

3.1.4　非能动堆腔注水系统

将熔融堆芯滞留在压力容器内（IVR）是非能动核电厂 AP1000 采用的一项重要的严重事故管理策略。它保证第二道屏障——反应堆压力容器（RPV）不被熔穿，避免了堆芯熔融物和混凝土底板发生反应，进一步降低放射性物质向环境释放的概率。非能动堆腔注水系统将水通过非能动方式注入堆腔，淹没堆腔的水从金属保温层底部的入水口进入压力容器和金属保温层之间的夹缝，并在压力容器保温层内外形成局部自然循环，从外部冷却反应堆压力容器，有效地冷却堆芯熔融碎片（图 3-7）。

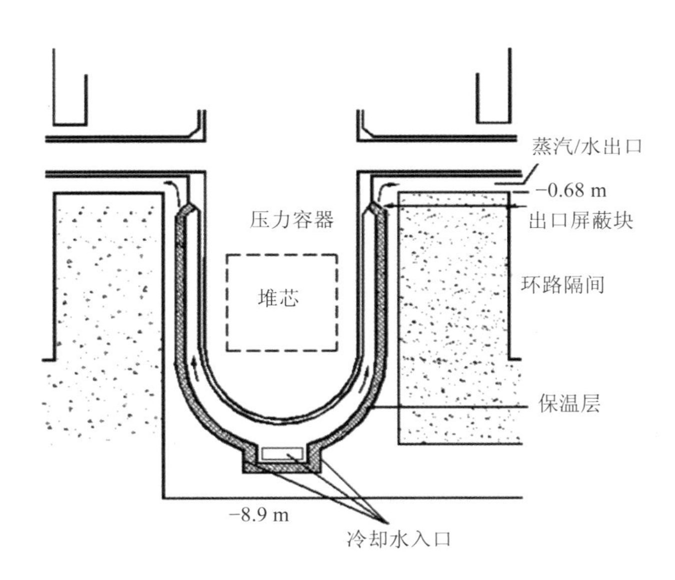

图 3-7　AP/CAP 堆内熔融物滞留（IVR）方案

3.2　“华龙一号”非能动安全系统[3,4]

我国自主研发的“华龙一号”反应堆采用能动与非能动相结合的安全设计理念，采用成熟的经过工程验证的能动安全系统应对设计基准事故，采用非能动安全系统作为能动系统的补充以应对设计扩展工况，包括没有造成堆芯明显损伤的设计扩展工况（DEC-A）和堆芯熔化的设计扩展工况（DEC-B）。在华龙后续型号设计中，将进一步研究考虑使用非能动安全系统承担设计基准事故下的安全功能。

3.2.1 非能动安全壳热量导出系统

“华龙一号”的非能动安全壳热量导出系统用于在设计扩展工况下（包括与全厂断电和安全壳喷淋系统故障相关的事故以及严重事故）安全壳的长期排热，将安全壳压力和温度降至可以接受的水平，保持安全壳完整性。

方案 1 是非能动安全壳热量导出系统设置 3 个相互独立的系列（图 3-8）。每个系列包括 2 组换热器、2 台汽水分离器、1 台换热水箱、1 台导热水箱及相应阀门。换热器布置在安全壳内的圆周上，换热水箱是钢筋混凝土结构、不锈钢衬里的设备，布置在双层安全壳外壳的环形建筑物内。系统设计采用非能动设计理念，利用内置于安全壳内的换热器组，通过水蒸气在换热器上的冷凝、混合气体与换热器之间的对流和辐射换热实现安全壳的冷却，通过换热器管内水的流动，连续不断地将安全壳内的热量带到安全壳外，在安全壳外设置换热水箱，利用水的温度差导致的密度差实现非能动安全壳热量排出。

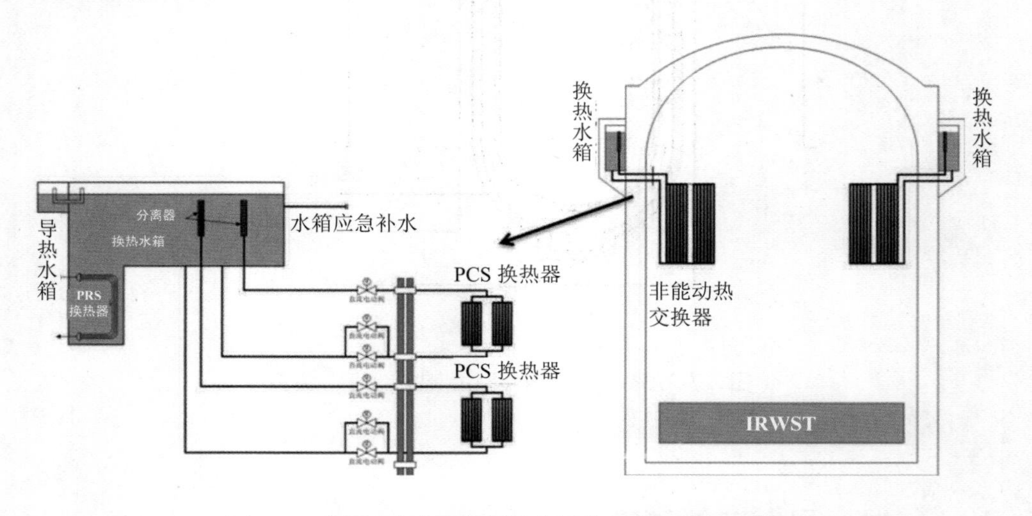

图 3-8 非能动安全壳热量导出系统方案 1 流程示意图

方案 2 是整个系统分 6 个系列，各个序列共用安全壳外冷却水箱，每列均由热管回路、安全壳隔离阀以及壳外冷却水箱组成。热管回路采用分离式热管换热器，具体包括分别布置在安全壳内的蒸发器和安全壳外冷却水箱下部的冷凝器以及上升段和下降段的连接管道，冷凝器出口设置集气器，用于收集回路中的不凝结气体。系统原理简图如图 3-9 所示。

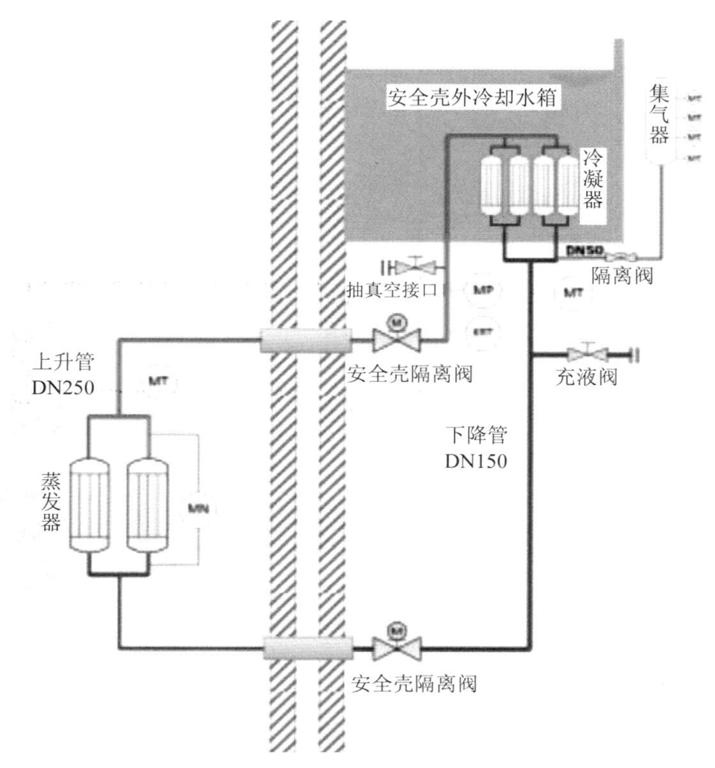

图 3-9　非能动安全壳热量导出系统方案 2 流程示意图

3.2.2　二次侧非能动余热排出系统

“华龙一号”的二次侧非能动余热排出系统（PRS）在发生全厂断电事故或完全丧失蒸汽发生器给水功能的设计扩展工况下投入运行，在一回路完整的前提下，通过蒸汽发生器导出堆芯余热及反应堆冷却剂系统各设备的储热，在 72 h 内将反应堆维持在安全状态。

一般而言，每个环路的蒸汽发生器二次侧都设置 1 个非能动余热排出系列。每个系列包括 1 台换热器、1 个换热水箱以及必要的阀门、管道和仪表，在整个运行期间，换热器都浸泡在换热水箱的水中不允许裸露。系统投入后，蒸汽发生器内的蒸汽通过管道进入换热器的管侧，将热量传递给换热水箱的水后冷凝为水，冷凝水再返回蒸汽发生器二次侧，形成自然循环。换热水箱中水的蒸发将热量最终带出排入大气（图 3-10）。

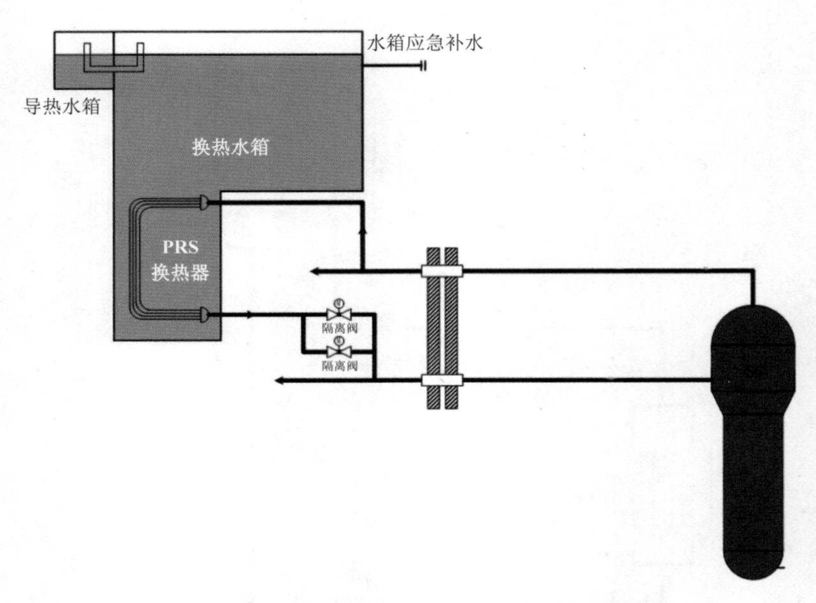

图 3-10　二次侧非能动余热排出系统流程示意图

3.2.3　非能动堆腔注水系统

“华龙一号”在安全壳内设置非能动堆腔注水箱，在严重事故发生时，水箱中的水依靠重力注入反应堆压力容器与保温层之间的环形流道，并淹没反应堆压力容器下封头。反应堆压力容器保温层结构与压力容器之间的环腔为冷却水提供了流动通道，在筒体保温层接近接管的位置设置了汽水排放窗口。当堆腔注水系统启动后，冷却水注入环腔带走热量，汽水排放窗口开启，排出环腔，从而实现对压力容器的非能动的冷却（图 3-11）。

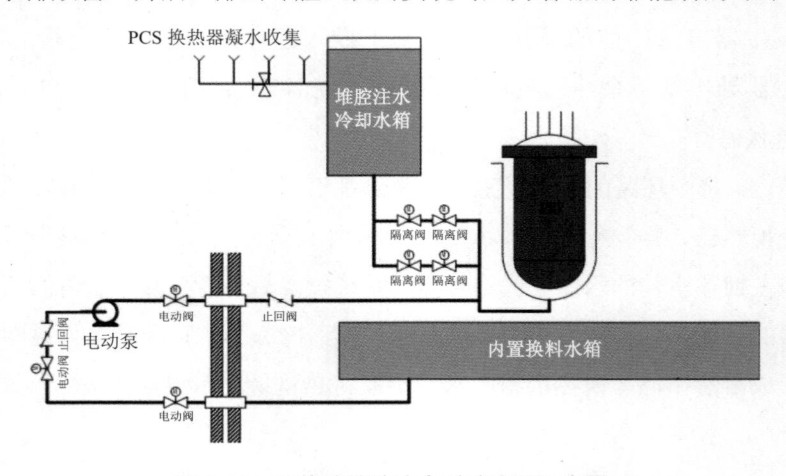

图 3-11　非能动堆腔注水系统流程示意图

3.3 VVER-1200的非能动安全系统

我国田湾核电厂7号、8号机组和徐大堡核电厂3号、4号机组（VVER-1200）反应堆是以俄罗斯AES-92型压水堆设计为基础改进设计的AES-2006堆型，该型号反应堆非能动安全系统的设计与“华龙一号”类似，除用于设计基准事故的应急堆芯冷却系统的非能动部分外，用于设计扩展工况的非能动安全系统比较典型的包括3个：①设计4列独立的安全壳非能动余热排出系统（C-PHRS），用于在设计扩展工况下安全壳的长期排热，将安全壳压力和温度降低至可以接受的水平，保持安全壳完整性；②设计4列独立的蒸汽发生器的非能动余热排出系统（PHRS-SG），用于在一回路完整的设计扩展工况下，导出堆芯余热及反应堆冷却剂系统各设备的储热，将反应堆维持在安全状态；③堆芯熔融物滞留系统，VVER-1200在VVER-1000的基础上，在堆芯熔融物隔离措施（简称堆芯捕集器）这一严重事故应对策略上也有所改进，比较重要的在于实现了非能动向堆芯捕集器注水，提升了注水策略的可靠性。

VVER-1200反应堆设置的堆芯捕集器是应对反应堆严重事故的措施，主要目的是缓解堆芯熔融并熔穿压力容器时的严重后果，采用了压力容器外包容装置，同时，用非能动供水冷却堆芯熔融物包容体金属表面，以及用“牺牲性”材料改善熔融物特性和降低热流密度[5]。

3.4 其他堆型或技术的非能动安全系统

3.4.1 钠冷快堆（实验快堆与示范快堆）

池式钠冷快堆一般设置有非能动的事故余热排出系统，确保事故工况下堆芯余热的排出。

以中国实验快堆为例，钠冷快堆的事故余热排出系统用于在发生假设始发事件（蒸汽发生器给水中断、反应堆失去外部电源、地震）时，不能通过蒸汽发生器将热量排出的情况下，将反应堆的剩余发热和蓄热排出去，并通过空气热交换器将其传给最终热阱——大气，保证燃料棒、堆内构件和反应堆容器处于可接受的温度限值范围内。

中国实验快堆的事故余热排出系统（图3-12）由两套相互独立的冷却通道构成。每一个通道的余热排出能力都能保证燃料棒、堆内构件和反应堆容器处于可接受的温度限值范围内。每套系统由安装在反应堆容器热钠池内的独立热交换器、安全壳外部的空冷器及相连的管道和相应的辅助系统组成；每一个冷却通道由一回路（独立热交换器）、二回路（中间回路）和三回路（空气回路）组成，3 个回路都是依靠自然循环流动，把堆芯余热排到最终热阱——大气[6]。

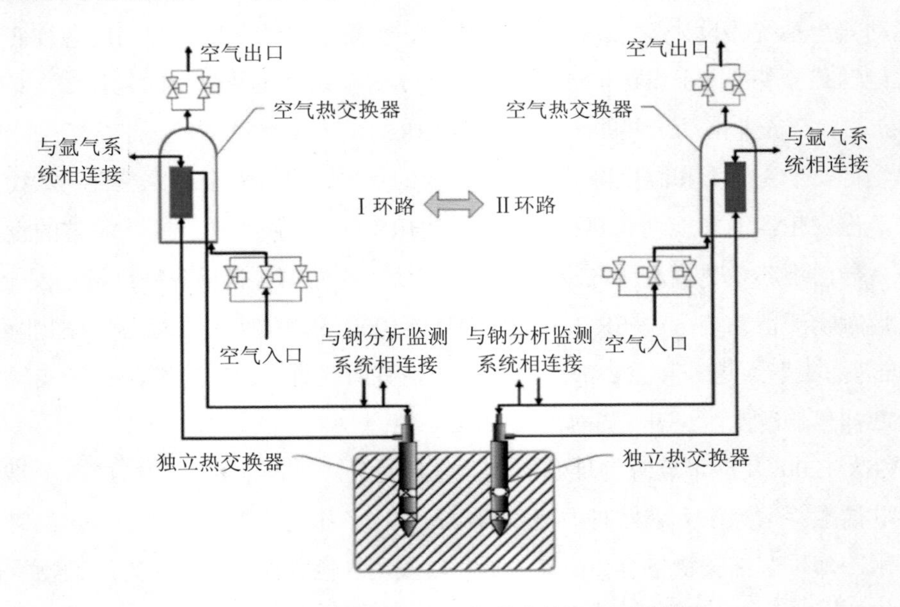

图 3-12　中国实验快堆的事故余热排出系统简图

在事故工况下，依靠一回路泵的惰转和堆内建立起的自然循环，通过主热传输系统的一回路和事故余热排出系统的一回路，把堆芯剩余发热带到上部的热钠池区，再由事故余热排出系统的中间回路和空气回路把从热钠池带出的热量排到大气。这样反应堆在事故停堆工况下，依靠事故余热排出系统使堆芯和整个反应堆得到冷却，确保反应堆处于安全状态。

中国实验快堆已于 2011 年建成并实现并网发电，但由于其通过非能动自然循环排出堆芯余热的能力始终无法在堆上得到验证，而后采取了设计变更，将主泵改造为安全级，在设计基准事故下通过主泵强迫循环带出堆芯热量。

我国 600 MW 示范快堆工程的事故余热排出系统的原理和设计与实验快堆基本相同，主要的差别是系统由 2 列变为 4 列，且系统容量和排热能力有所增加。

3.4.2 高温气冷堆（HTR-10、HTR-PM）

高温气冷堆核电站示范工程（HTR-PM）采用我国自主开发的、具有第四代反应堆特征的球床模块式高温气冷堆技术，一个重要特征是利用固有安全特性和非能动安全系统。以石岛湾高温气冷堆示范工程（以下简称 HTR-PM）为例，高温气冷堆的余热排出系统在反应堆正常运行期间执行反应堆舱室的冷却功能，并和屏冷系统一起来保证混凝土温度低于规定限值；在事故停堆和主传热系统失效情况下执行余热排出功能，负责将堆芯剩余发热可靠载出堆舱并输送至最终热阱，保证堆内构件、反应堆压力容器及反应堆舱室等的温度低于规定限值。

HTR-PM 余热排出系统是非能动自然循环系统，主要由水冷壁、空气冷却器（空冷器）、膨胀水箱以及管道阀门等部分组成。水冷壁固定在反应堆舱室混凝土屏蔽墙内侧，是由钢板和水冷管焊制而成的环绕反应堆压力容器的圆筒壁。空气冷却器设置在位于核岛辅助厂房上方的空冷塔内。膨胀水箱放在反应堆大厅内。

在事故工况下，假设主传热系统失效，余热通过辐射、热传导、对流等方式经球床堆芯、石墨反射层、碳砖、堆芯壳传导到反应堆压力容器外，堆芯和压力容器温度升高。由于压力容器壁面和水冷壁壁面之间存在较大的温度差，反应堆余热主要通过二者之间的辐射换热散出，同时舱室内空气的对流传热也传出部分热量。水冷管中的水在吸收热量后，密度变小，在浮升力的作用下向上流动，然后通过热水主管流入空冷器中。热量通过空冷器被传递给管束外的空气，水的温度因此而降低，密度增大，然后在重力的作用下沿冷水主管重新流回水冷壁，形成自然循环流动。空冷器管束外的空气在吸收热量后，密度变小，同样在浮升力的作用下，沿空冷塔向上流动，最终进入大气环境中，同时也将所吸收到的热量排入大气环境。环境中的低温空气从空冷塔入口进入空冷塔中，继续吸收空冷器管束所释放出来的热量。因此，空冷塔中的空气也形成了自然循环流动[7]。

当反应堆正常运行时，余热排出系统仍然工作，执行反应堆舱室的冷却，并和屏冷系统一起保证混凝土温度低于规定限值。20 世纪 90 年代我国建成的 10 MW 高温气冷实验堆（HTR-10），其余热排出系统也是非能动安全系统，系统原理与 HTR-PM 的余热排出系统相同，HTR-10 余热排出系统流程示意如图 3-13 所示。

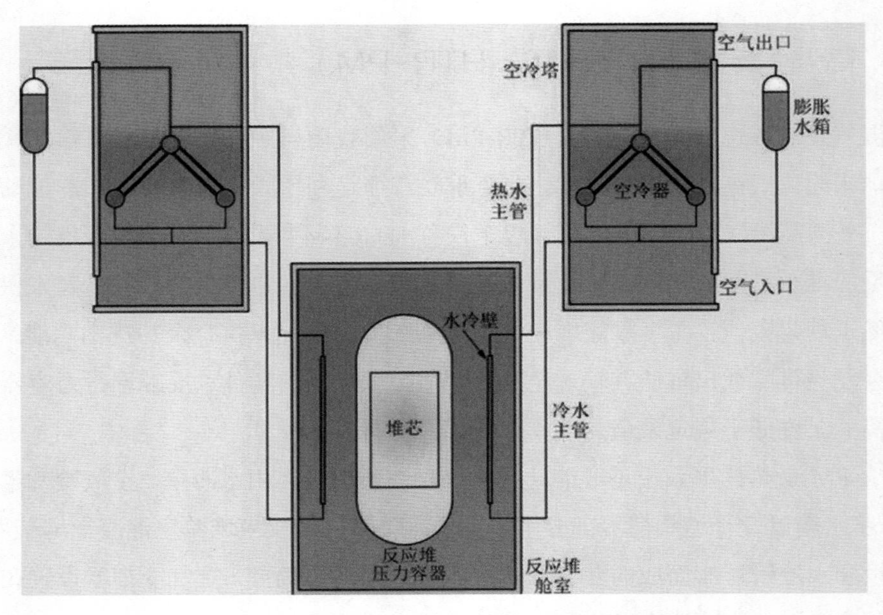

图 3-13　HTR-10 余热排出系统流程示意图

3.4.3　低温供热堆

3.4.3.1　一回路非能动自然循环

低温供热反应堆（NHR200-II）本体采用一体化布置、全功率自然循环、自稳压方案。反应堆冷却剂自下而上流经堆芯，被堆芯燃料组件加热向上流入腔室后，侧向流入布置在外侧环形空间中的主换热器。在主换热器中，反应堆冷却剂将热量传递给主换热器二次侧的中间回路水，冷却后的反应堆冷却剂向下流过压力容器与堆芯围筒之间的环形空间，到达堆芯下部的入口联箱，完成反应堆冷却剂的自然循环（图 3-14）。

3.4.3.2　非能动余热排出系统

低温供热堆的非能动余热排出系统采用双自然循环耦合的方式排出堆芯衰变热，系统热源和冷源分别为反应堆水池和大气环境。双自然循环回路为：主换热器－空气换热器构成的主循环回路和空气换热器－引风塔－大气环境构成的空气回路。热量通过自然对流从反应堆水池传递至池水主换热器，随后依靠主循环回路的自然循环将热量输送至空气换热器，再由空气回路通过自然循环将热量排至环境中（图 3-15）[8]。

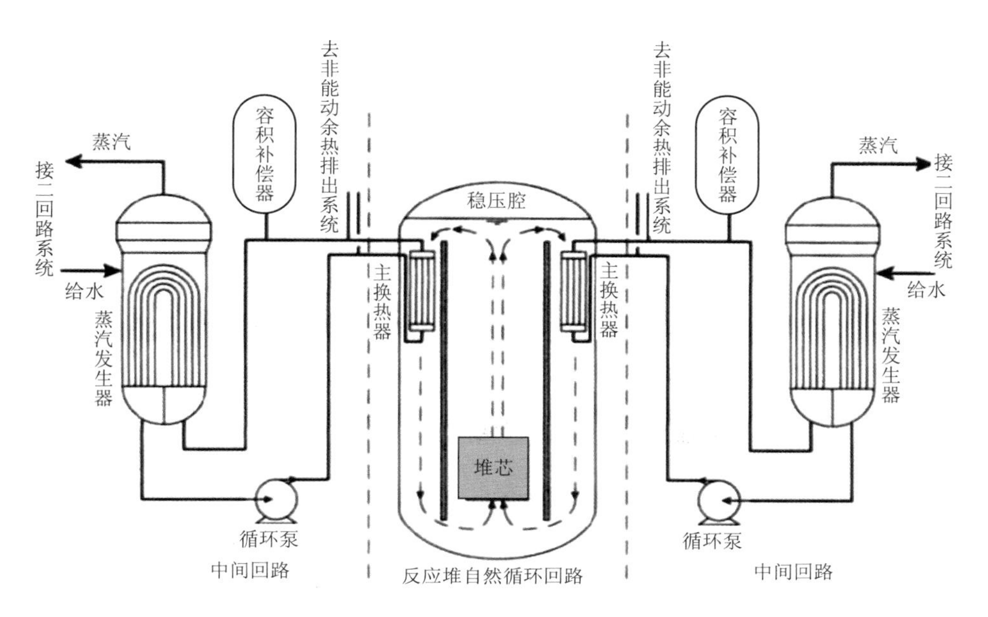

图 3-14　NHR200-II 低温供热反应堆主系统原理图

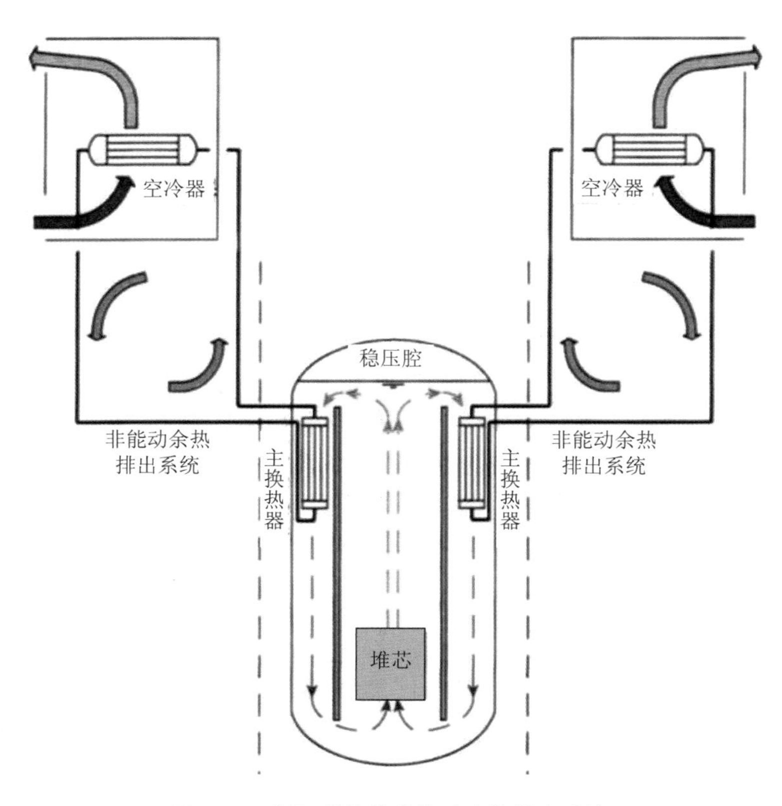

图 3-15　低温供热堆非能动余热排出系统

3.4.4 熔盐堆

熔盐堆设置了非能动余热排出系统，其主要功能是在燃料盐回路和冷却盐回路系统完全丧失排热能力的事故工况下，利用空气自然循环将反应堆余热排出。反应堆堆芯的热量先传导至堆容器，由堆容器经辐射换热（主要方式）和空气对流换热将热量（次要方式）传至非能动余热排出系统的堆舱余排换热装置的外壁面，在堆舱余排换热装置中，由其内壁面将热量传递给其中的空气，驱动空气自然循环，带走热量到大气热阱[9]。其系统设计和换热流程示意见图 3-16。

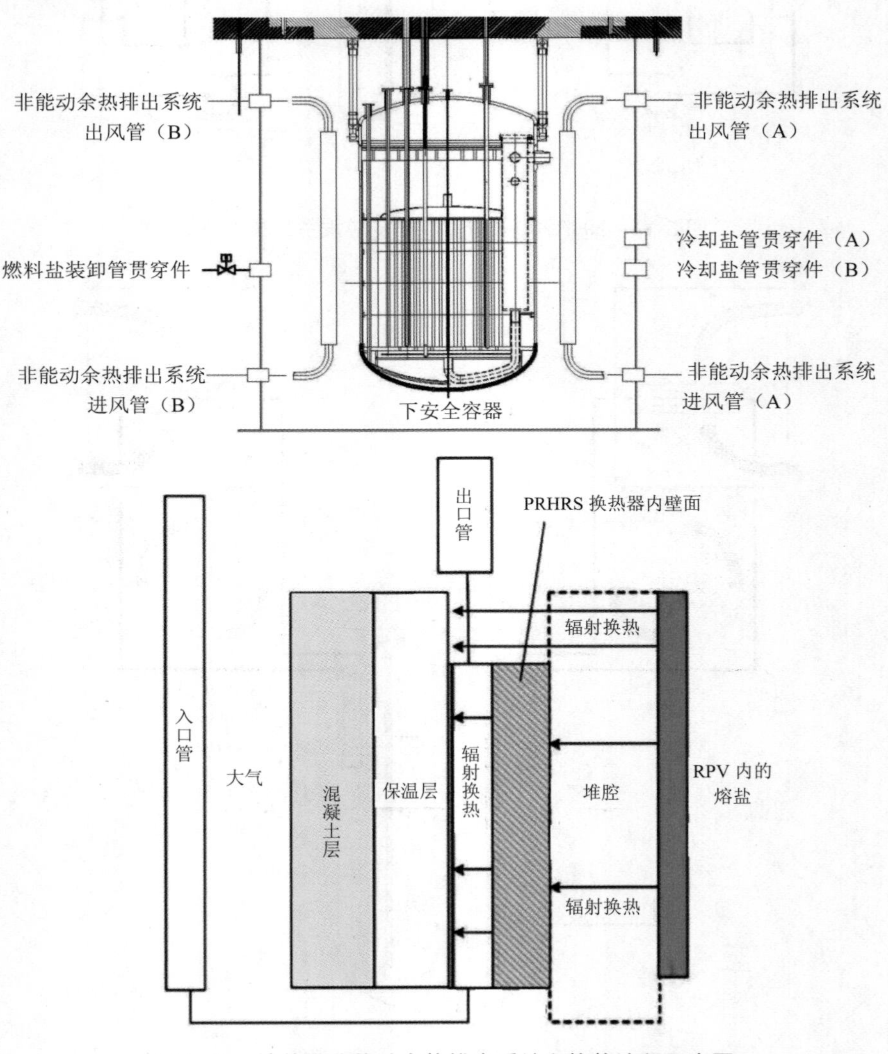

图 3-16 熔盐堆非能动余热排出系统和换热流程示意图

3.4.5　模块化小堆

模块化小堆的安全设计中广泛采用非能动安全系统，以海南昌江多用途模块式小型反应堆为例，安全壳热量导出以及堆芯应急冷却均采用了非能动的设计[10]，具体说明如下。

3.4.5.1　非能动安全壳空气冷却系统

海南昌江多用途模块式小型反应堆的非能动安全壳空气冷却系统是在设计基准事故工况和设计扩展工况下排出安全壳内大气的热量，降低安全壳的温度和压力，保证安全壳的完整性[11]。

海南昌江多用途模块式小型反应堆的非能动安全壳空气冷却系统（图 3-17）设计采用非能动设计理念，利用钢制安全壳壳体作为一个传热表面，安全壳内表面受蒸汽冷凝、蒸汽及壳内大气的对流及辐射等影响而被加热，然后通过安全壳内表面涂层导热将热量传递至钢壳体，受热的钢壳外表面通过自然循环的冷空气以对流、辐射及热传导的方式

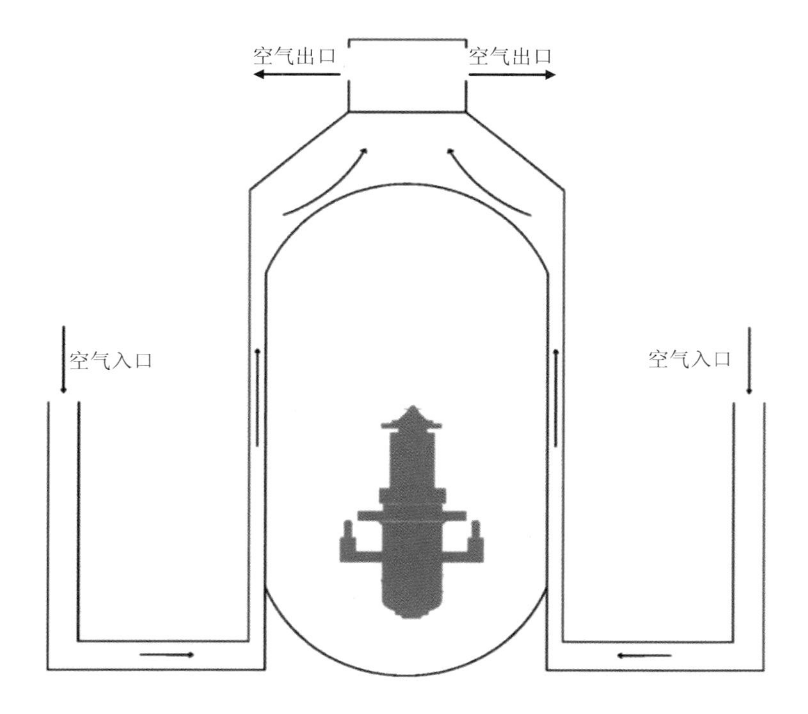

图 3-17　海南昌江多用途模块式小型反应堆的非能动安全壳空气冷却系统示意图

进行冷却。来自环境的空气通过空气入口流道进入，流经空气流道，沿安全壳容器外壁上升，最终通过一个高位排气口返回环境。空气入口设计在周边厂房外侧，冷却空气从入口处进入，经底部空气廊道后混合，并进入两壳间环廊，直接利用两壳间环廊作为空气流道，流经钢壳表面后，从顶部空气出口流出至环境。

当事故下安全壳内温度上升时，导致两壳间环廊空气温度高于大气温度，于是在密度差的作用下，环境空气会从入口流进，经底部廊道并混合后，进入两壳环廊，流经钢壳外表面，不断带走安全壳内热量，最终带入环境大气。

3.4.5.2 非能动堆芯冷却相关系统

海南昌江多用途模块式小型堆的非能动堆芯冷却相关系统包括非能动堆芯冷却系统、非能动余热排出系统和自动卸压系统（RDP）。分别实现以下功能：应急堆芯衰变热排出、反应堆冷却剂应急补给和硼化、安全注射、自动卸压和安全壳内地坑水 pH 控制等。

非能动堆芯冷却系统（图 3-18）的功能包括：非 LOCA 事故工况下可对堆芯应急补水与硼化、LOCA 事故工况下安注冷却堆芯、事故后地坑水 pH 控制和严重事故时淹没堆腔冷却 RPV 下封头。非能动堆芯冷却系统属于抗震 I 类安全相关系统，由 2 个堆芯补水箱、2 个安注箱、1 个安全壳内置换料水箱、4 个 pH 调节篮和相关的管道、阀门、仪表等组成，依靠不同的组合运行支持其安全功能。非能动余热排出系统（图 3-19）的功能是在正常排热途径不可用的非 LOCA 事故下，自动投运导出反应堆余热，并维持反应堆处于安全停堆状态。非能动余热排出系统属于抗震 I 类安全相关系统，它由 1 台非能动余热排出换热器和相关的管道、阀门、仪表及其他设备组成，依靠热交换器和堆芯之间的较大位差，保证其自然循环的能力。自动卸压系统（图 3-20）的功能包括：LOCA 工况下使一回路冷却剂自动可控卸压、第一级卸压阀可用于排出稳压器蒸汽空间中的不可凝气体、配合应急堆芯冷却系统、执行安全功能及防止高压熔堆等。RDP 属于抗震 I 类安全相关系统，它由 3 级卸压阀、喷洒器和相关的管道、阀门、仪表等组成，每级设置两列，前两级排出至内置换料水箱，第 3 级直接向安全壳内大气排放。

非能动堆芯冷却相关系统设计成能在设计基准事件下提供足够的堆芯冷却。冗余的安全相关厂内 1E 级直流电源（DC）和不间断电源系统（UPS）在丧失交流电源（AC）和假设单一故障时提供电源。

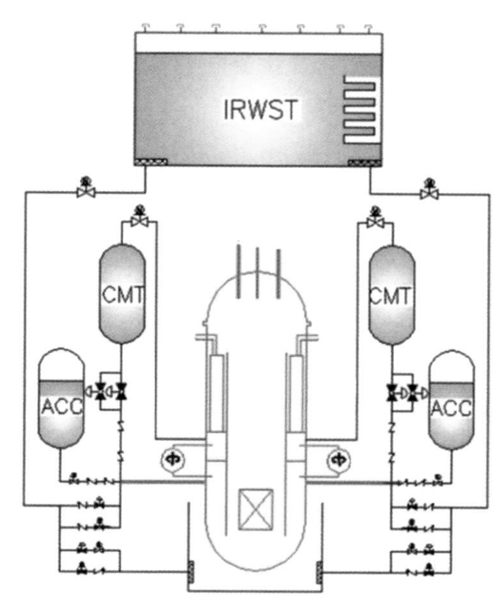

注：IRWST—内置换料水箱；CMT—堆芯补水箱；ACC—安注箱。

图 3-18　海南昌江多用途模块式小型反应堆的非能动堆芯冷却系统示意图

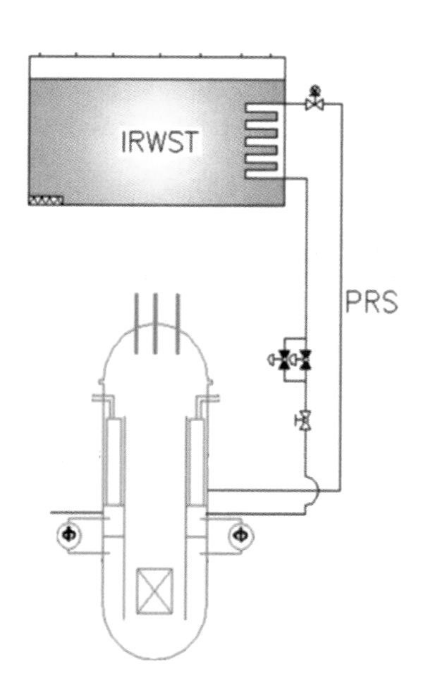

注：IRWST—内置换料水箱；PRS—非能动余热排出系统。

图 3-19　海南昌江多用途模块式小型反应堆的非能动余热排出系统示意图

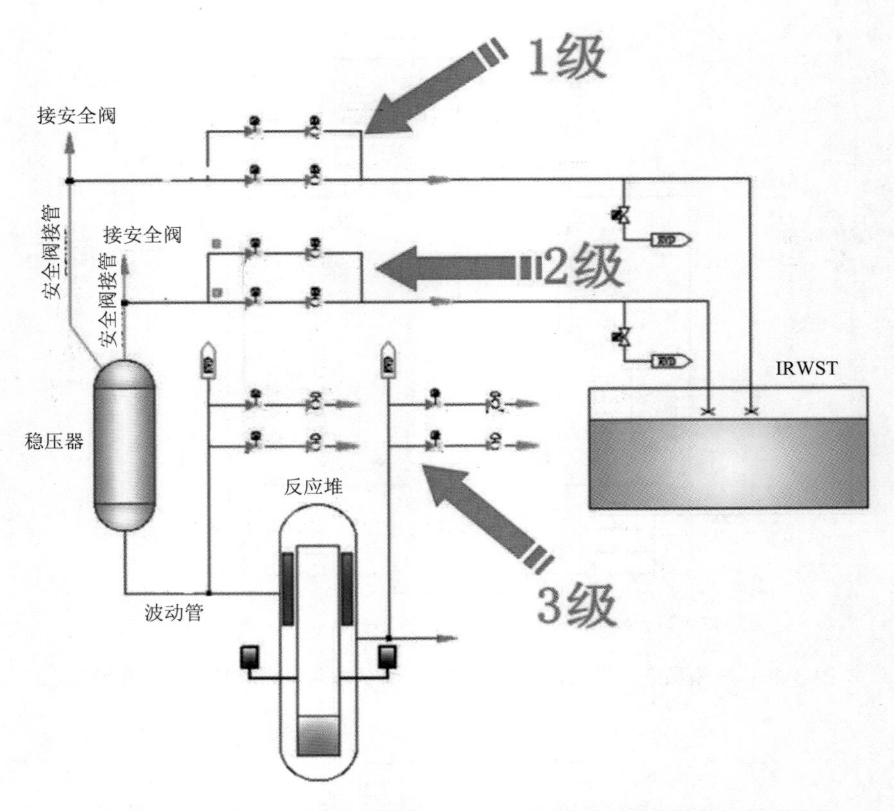

图 3-20 海南昌江多用途模块式小型反应堆的自动卸压系统示意图

3.4.6 NuScale 小型模块化反应堆（SMR）

美国核管理委员会（NRC）的工作人员已经完成了 NuScale 小型模块化反应堆（SMR）设计认证申请的安全审查。NuScale SMR 是一个整体式小型压水反应堆，由 NuScale Power，LLC 设计，是在俄勒冈州立大学 20 世纪初期研制的多用途小型轻水反应堆的基础上开发的（图 3-21）。NuScale SMR 的最大特点是采用了全自然循环的运行模式和深度的模块化。NuScale SMR 没有主泵，完全依靠堆芯与蒸汽发生器间温度差形成的自然循环作为一回路冷却剂驱动力。蒸汽发生器和稳压器都放置在反应堆压力容器内部，反应堆压力容器外部是耐压的钢制安全壳（CNV）。钢制安全壳浸没在反应堆厂房的水池中，在发生反应堆一回路破口事故时，这些水既可冷却安全壳，又可以作为最终热阱。NuScale SMR 在安全系统设计中也采用了非能动设计理念，如应急堆芯冷却系统、衰变热排出系统、主控室可居留系统等[12]。

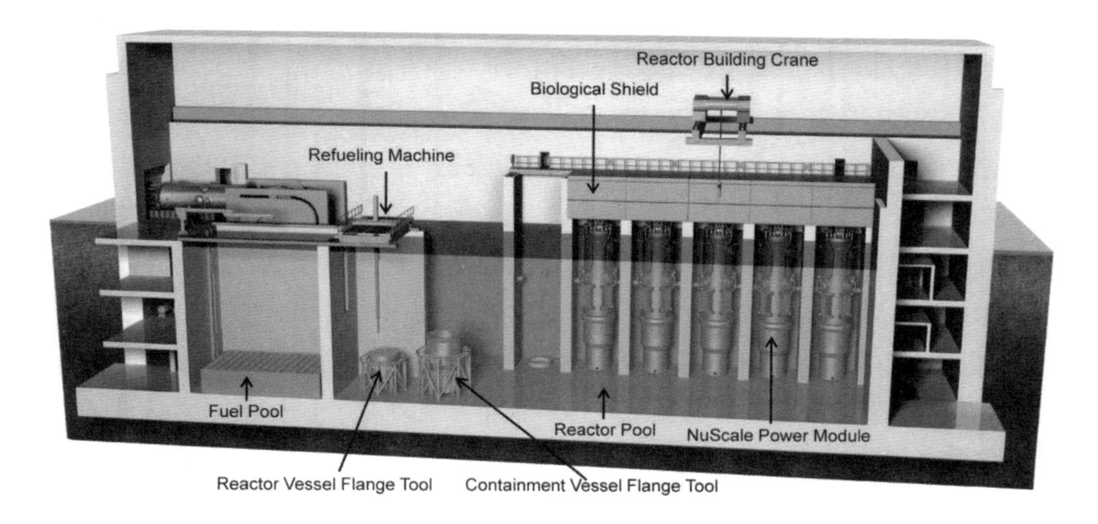

注：Reactor Building Crane—反应堆厂房吊车；Refueling Machine—换料机；Fuel pool—燃料水池；Biological Shield—生物屏蔽；Reactor Vessel Flange Tool—压力容器法兰工具；Containment Vessel Flange Tool—安全壳容器法兰工具；Reactor Pool—反应堆水池；NuScale Power Module—NuScale 功率模块。

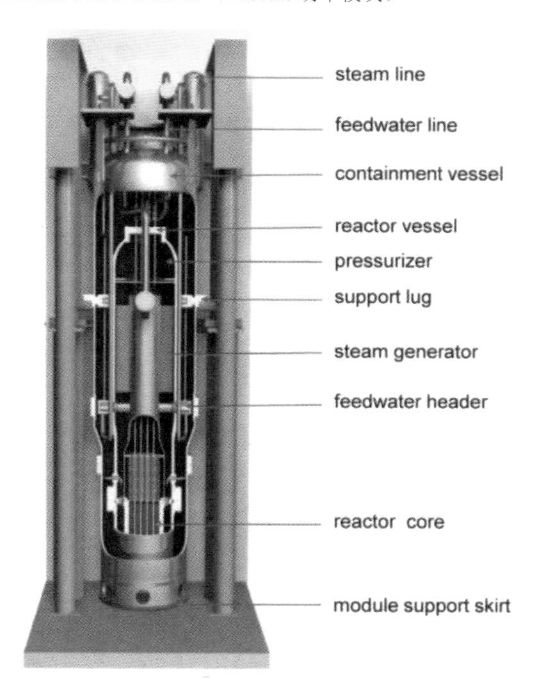

注：steam line—蒸汽管线；feedwater line—给水管线；containment vessel—钢制安全壳；ractor vessel—反应堆容器；pressurizer—稳压器；support lug—支撑座；steam generator—蒸汽发生器；feedwater header—给水联箱；reator core—堆芯；module support skirt—模块支座。

图 3-21　NuScale SMR 厂房结构和单模块简图

3.4.6.1 NuScale SMR 的应急堆芯冷却系统

NuScale SMR 的应急堆芯冷却系统（ECCS）在预计运行瞬态（AOO）和假想事故工况下（包括丧失冷却剂事故 LOCA）为堆芯提供冷却。ECCS 是 NuScale 核动力电厂的一个重要的安全相关系统，可在 LOCA 事故下提供衰变热排出的功能。ECCS 包括 3 个反应堆排气阀（RVV）和 2 个反应堆再循环阀（RRV），RVV 连接到反应堆压力容器（RPV）上部区域并且将稳压器（PZR）蒸汽直接排放到钢制安全壳（CNV），RRV 连接到 RPV 壳体，开启后允许 CNV 中的水再循环回到 RPV 冷却堆芯。RVV 在启动和停堆状态下（低温）也起到超压保护的作用。ECCS 是一个非能动系统，NuScale 每一个模块均单独设置，ECCS 长期运行时，安全壳散热能力可以在操纵员不操作的情况下至少维持 72 h，其最终热阱为反应堆水池、换料池和乏燃料池。ECCS 的系统流程图和事故后运行流程示意如图 3-22 和图 3-23 所示。

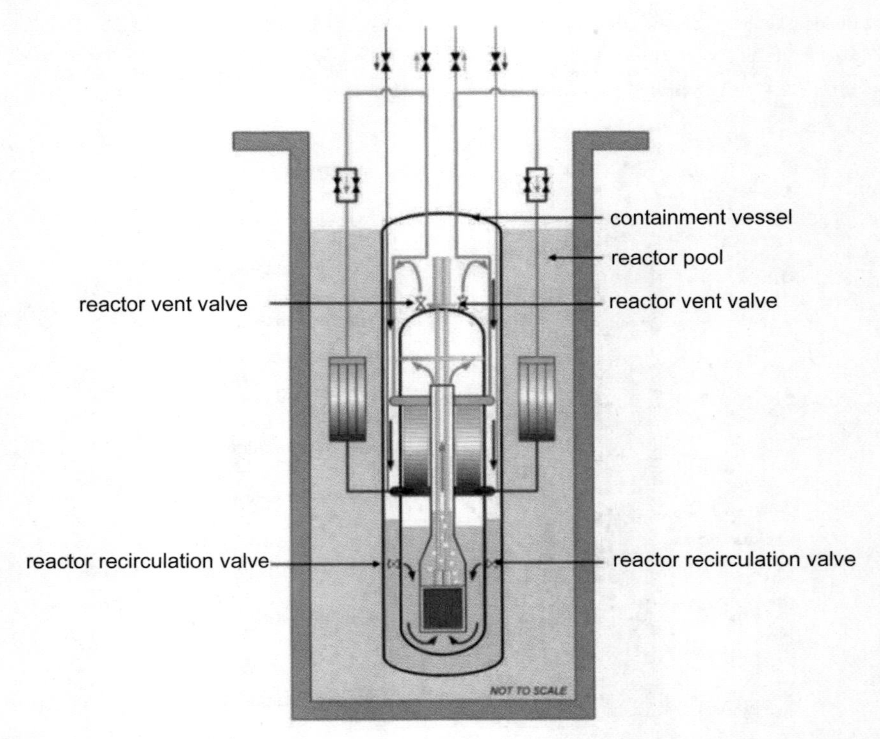

注：reactor vent valve—反应堆排气阀；containment vessel—钢制安全壳；reactor pool—反应堆水池；reactor recirculation valve—反应堆再循环阀。

图 3-22 NuScale SMR 应急堆芯冷却系统（ECCS）流程图

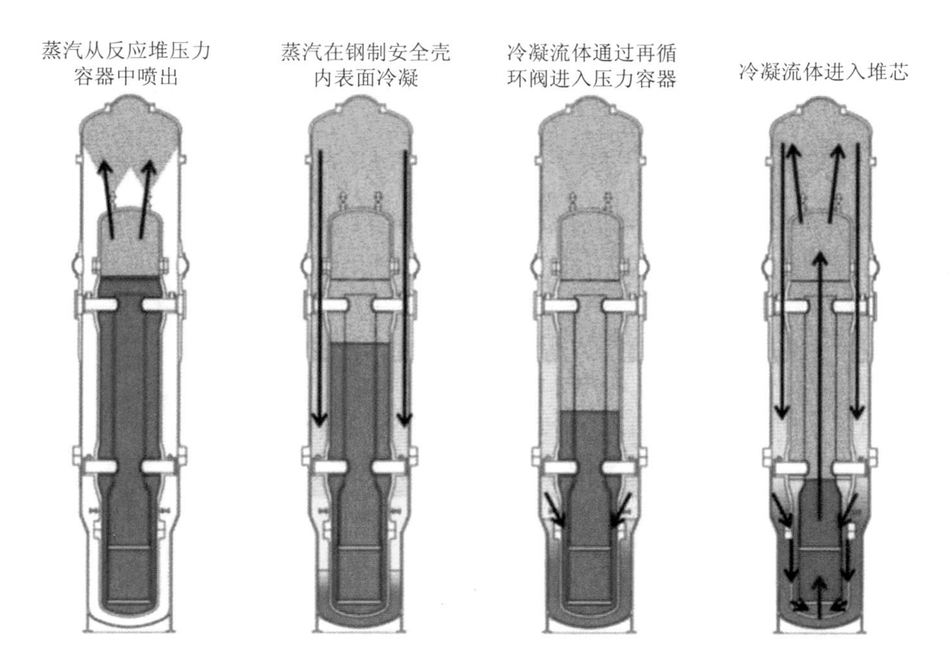

图 3-23　NuScale SMR 应急堆芯冷却系统（ECCS）事故后流程示意图

3.4.6.2　NuScale SMR 的衰变热排出系统

在正常的二次侧冷却或其他设施不可用的情况下，NuScale SMR 的衰变热排出系统（DHRS）为非 LOCA 工况下设计基准事故提供冷却。DHRS 设计用于移出停堆后的堆芯衰变热并确保 NuScale 功率模块（NPM）转换到安全停堆状态，在此过程中不需要外部电源支持。DHRS 与安全相关的功能是作为 NPM 设计的专设安全设施，DHRS 设计上确保事故发生 36 h 内 RCS 平均温度降至 420℉以下，以免对反应堆冷却剂系统压力边界（RCPB）造成挑战或者导致堆芯裸露，DHRS 热量移出功能不依赖启动 ECCS。同时，堆水池的装水量能够维持安全停堆状态超过 72 h，即使没有补水，反应堆水池将逐步沸腾且水位降低，也能保证 30 d 内一直淹没 DHRS 的冷凝器。

DHRS 管道分别连接到对应蒸汽发生器的主蒸汽管道和给水管道，DHRS 非能动冷凝器出口连接到对应 SG 的给水管道。每个 NPM 模块配置有两列 DHRS 序列，每个 DHRS 序列和两个蒸汽发生器其中之一连接，DHRS 管道分别和对应蒸汽发生器的主蒸汽和主给水管线相连。在非能动冷凝器上游设置有两个并联的余排隔离阀（DHRIV）与正常 SG 管线隔离。

当冷却到稳定停堆状态时，长期衰变热以热传导和对流换热的方式通过被淹没的安全壳传递到反应堆水池。RCS 压力降低到 ECCS 阀门开启整定值，RVV 和 RRV 将会打开以促进 RCS 和被淹没安全壳之间的循环。

NuScale SMR 衰变热排出系统简图见图 3-24。

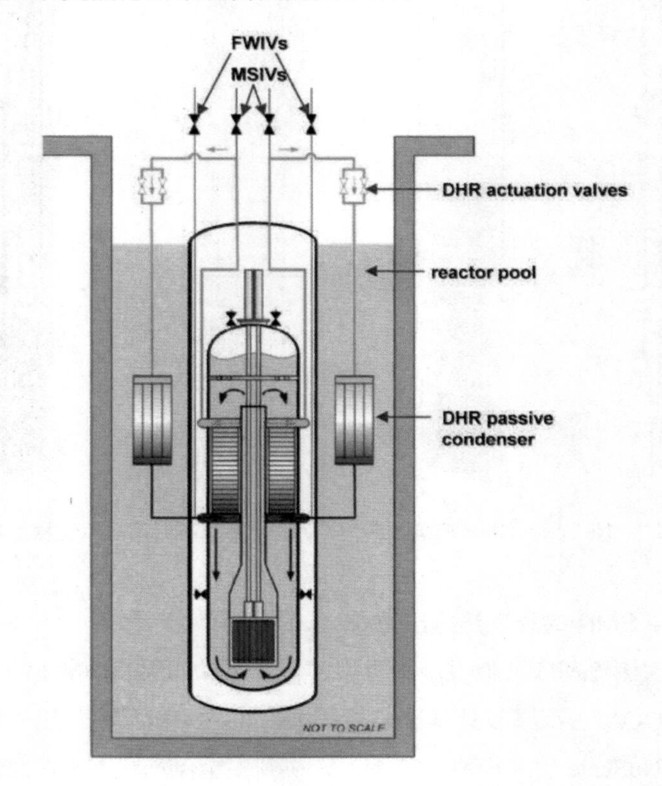

注：FWIVs—给水隔离阀；MSIVs—主蒸汽隔离阀；DHR actuation valves—DHR 隔离阀；reactor pool—反应堆水池；DHR passive condenser—DHR 非能动冷凝器。

图 3-24 NuScale SMR 衰变热排出系统简图

3.4.6.3 NuScale SMR 的主控室应急可居留系统

NuScale SMR 的主控室应急可居留系统（CRHS）在正常运行期间和事故工况下为人员提供一个可居留的环境条件。

CRHS 从瓶装空气中向主控室房间（CRE）提供紧急空气。CRHS 的主要组成部分包括高压空气压缩机、高压储气瓶、空气瓶架、喷射器、消音器、管道、阀门和仪表。在主控室区域正常通风系统（HVAC）不可用的情况下，不依赖电力为控制室提供 72 h 的可呼吸空气，并且支持临时空气源接口。

3.4.7 医用同位素试验堆（溶液堆）

医用同位素试验堆反应堆水池正常运行过程中水池的最高平均温度不大于 40℃，装水量不小于 31.03 m^3，在事故工况下具有余热导出的功能。

医用同位素试验堆（溶液堆）设置了紧急排料系统（RED）（图 3-25），作为放射性隔离边界，防止燃料溶液向环境释放。当反应堆处于正常运行时，紧急排料系统处于备用状态。在收到紧急停堆信号的情况下，反应堆容器内的料液依靠重力自动排放到几何次临界的紧急排料贮存罐中，确保反应堆停堆且保持停堆状态[13]。

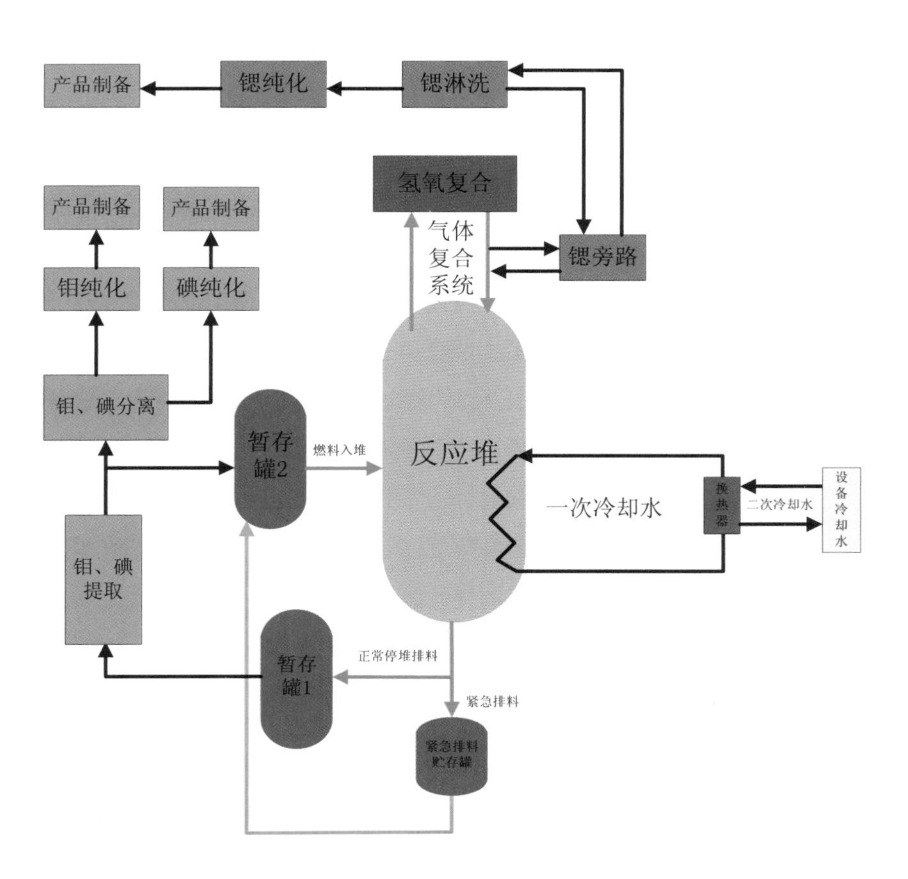

图 3-25 医用同位素试验堆紧急排料系统原理图

3.4.8 热管技术的应用

分离式热管技术在工业领域已有应用，多用于余热回收锅炉等节能领域，具有加热面与冷却面完全分离、冷热源完全隔离且换热效率高等优点。相关领域学者研究了环路热管及分离式热管在余热回收方面的应用，连接分离式热管的蒸发段和冷凝段是分开的，通过蒸汽上升管和液体下降管连通形成一个自然循环回路[14-16]。工作时，在热管内的工质汇集在蒸发段，蒸发段受热后工质蒸发，产生的蒸汽通过蒸汽上升管到达冷凝段释放出潜热而凝结成液体，在重力的作用下，经液体下降管回到蒸发段，如此循环往复运行。目前国内正在开展热管技术应用于核电厂的研究工作，已经考虑用于乏燃料水池的冷却和主控室的散热，后期可进一步开发用于堆芯传热和安全壳的排热。如张光玉等概述了热管在空间核电源、核废料冷却，事故条件下安全壳保护等方面的应用情况[17]。

3.4.8.1 乏燃料水池换热的热管技术应用

对核动力厂内的乏燃料水池（SFP）而言，冷却系统至关重要。乏燃料水池用来贮存由反应堆中卸载出来的乏燃料，此时乏燃料仍有较大衰变热，正常情况下衰变热由池内的用于正常运行的能动冷却系统带走，当发生事故时，应使用能在事故工况下运行的系统（如由应急电源驱动的能动冷却系统或非能动冷却系统）带走热量。

采用分离式重力热管技术可以将乏燃料水池内产生的衰变热以非能动的方式移出乏燃料水池，该技术具有系统结构简单、传热效率高、可靠性高等优点，图 3-26 给出了一种用于乏燃料水池带热的热管回路设计方案[18]。该方案将分离式热管用于乏燃料池的非能动冷却，热管蒸发端布置在乏燃料池周围，吸收乏燃料衰变热后将热量传递给乏池外侧的冷凝端，冷凝端布置在乏池外的冷却塔内被自然冷却。

3.4.8.2 主控室非能动通风冷却的热管技术应用

主控室的可居留系统可以设计为应用热管技术的非能动冷却系统，该设计有蓄冷箱，以压缩空气作为动力源，推动整个非能动系统的运行，在通风管路内设置热管换热组件，将蓄冷箱中冷量非能动导出，降低通风管路内空气的温度，为主控室连续提供 72 h 冷空气并排出热量，保证主控室的可居留性和设备的安全性[19]。

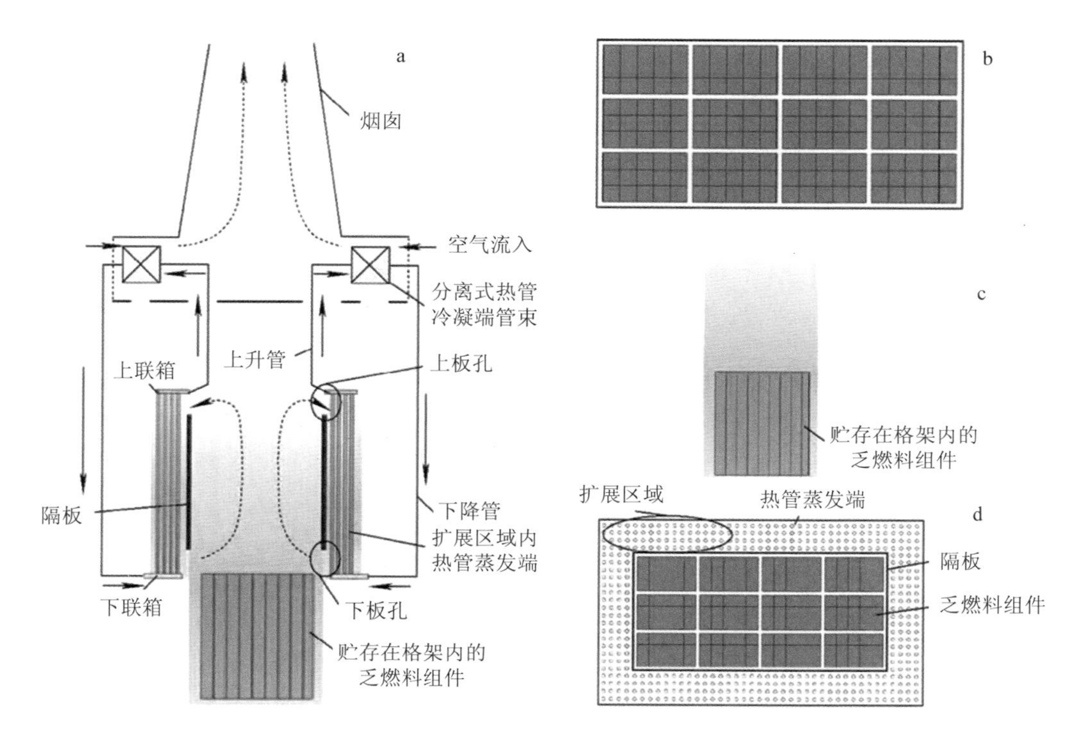

a —具有分离式热管非能动冷却功能的乏燃料池侧视图；b —原乏燃料池俯视图；

c —原乏燃料池侧视图；d —具有分离式热管非能动冷却功能的乏燃料池俯视图

图 3-26　用于乏燃料水池换热的热管技术

图 3-27 为核电厂主控室非能动通风冷却系统示意图，由蓄冷箱、热管、压缩空气、管道、碘吸附器、喷射器、消声器等组成。热管蒸发段（热端）安装在通风管道内，通过压缩空气喷射器诱导通风空气强迫对流。热管冷凝段（冷端）安装在蓄冷箱中，以低温冷水作为冷源，通过蓄冷水的自然对流进行冷却。主控室内的热量经过压缩空气诱导的强迫对流、热管蒸发段管壁的导热和蒸发段管壁沸腾等传递过程，将热量传递给热管内的工质，工质沸腾吸热蒸发后，经绝热段进入热管冷凝段内。蒸汽遇到过冷的壁面时发生凝结，凝结相变潜热经过冷凝段管壁的导热和热管冷凝段外壁面自然对流换热，最终将主控室的热量导入蓄冷水箱中，蓄冷水箱依靠自然对流使蓄冷水温度趋于均匀。热管换热器与水平面呈一定的倾角，在重力的作用下保证蒸汽上升和冷凝液回流，从而完成热管内工质循环，使热量连续不断从热端向冷端转移。

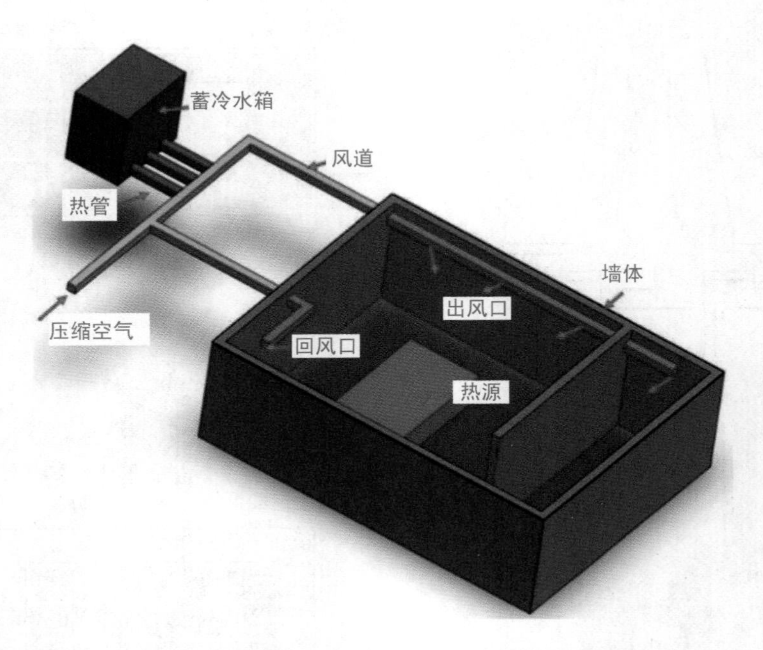

图 3-27　核电厂主控室非能动通风冷却系统示意图

参考文献

[1] 顾军. AP1000 核电厂系统与设备[M]. 北京：原子能出版社，2010.

[2] 林诚格. 非能动安全先进压水堆核电技术[M]. 北京：原子能出版社，2010.

[3] 徐利根，等. 华龙一号核电厂系统与设备[M]. 北京：原子能出版社，2017.

[4] 深圳中广核工程设计有限公司. 广西防城港核电厂 3、4 号机组最终安全分析报告(B 版)[R]. 2021.

[5] 崔方水. 田湾核电站堆芯捕集器的设计简介[J]. 核动力工程，2008，29（3）：52-55.

[6] 张东辉，任明霞. 快堆安全分析[M]. 北京：原子能出版社，2010.

[7] 李晓伟，吴莘馨，张丽，等. 模块式高温气冷堆非能动余热排出系统分析与研究[J]. 原子能科学技术，2011，45（7）：790-795.

[8] 王大中，董铎，马昌文，等. 5MW 低温核供热试验堆（5MW THR）[J]. 核动力工程，1999（5）：8-14.

[9] 左嘉旭，张春明. 熔盐堆的安全性介绍[J]. 核安全，2011（3）：73-79.

[10] 海南核电有限公司. 海南昌江多用途模块式小型堆科技示范工程初步安全分析报告[R]. 2019.

[11] 刘嘉维，刘长亮，朱京梅，等. 小型模块化反应堆非能动安全壳冷却系统设计概述[J]. 核科学与

技术，2019，7（4）：10.

[12] 核与辐射安全中心. NuScale 小型堆设计认证最终意见及相关报告调研[R]. 2023.

[13] 梁俊福，何千舸，刘学刚，等. 溶液堆的应用及其核燃料处理[J]. 核化学与放射化学，2009，31（1）：3-9.

[14] Habeebullah M H，Akyurt M，Naj-jar Y S H. Experimental performance of a waste heat recovery and utilization system with a looped water-in-steel heat pipe[J]. Applied Thermal Engineering，1998，18（7）：595-607.

[15] Akyurt M，Lamfon N J，Najjar Y S H. Modeling of waste heat recovery by looped water-in-steel heat pipes[J]. International Journal of Heat and Fluid Flow，1995，16（4）：263-271.

[16] Liu Di，Tang Guangfa，Zhao Fuyun. Mod-eling and experimental investigation of looped separate heat pipe as waste heat recovery facility[J]. Applied Thermal Engineering，2006，26（17-18）：2433-2441.

[17] 张光玉，张红，涂善东，等. 热管在核电工程中的应用[J]. 原子能科学技术，1997，31（1）：89-96.

[18] 郑文龙，王文，崙锐，等. 有热管冷却的乏燃料池自然对流换热特性分析[J]. 原子能科学技术，2014，48（12）：2250-2256.

[19] 孙兰飞，魏川铖，赵晓，等. 核电站主控室非能动制冷通风系统设计综述[J]. 暖通空调，2020，50（S2）：166-169.

第4章 非能动安全系统的设计

对于采用非能动安全理念的新型号反应堆研发设计而言，设计人员在开展正向设计时往往需要经过反复的论证分析、方案比对，不断地设计迭代，才能确定最终的安全系统方案。本章通过调研国外采用非能动安全系统的革新型核电厂的设计、研发历程，并根据对我国最新核安全要求的理解，结合近些年国内一些新型号反应堆（如 AP1000、CAP1400、HTR-PM）的设计和核安全审评的讨论，总结出在非能动安全系统设计论证阶段应重点关注的几个方面。

4.1　系统验证试验与调试

采用成熟的、经验证的工程技术，是我国核安全法规中的一项基本要求，《核动力厂设计安全规定》（HAF 102—2016）中对工程技术的成熟性、新设计的安全重要物项的验证作出明确的规定[1]。非能动安全系统作为应对事故工况的安全设施，应进行安全性能验证。安全系统主要用于应对核电站事故工况，它不可能在正常运行的核电站进行试验验证，其性能只能在模拟事故工况的试验台架上进行验证。在充分试验验证的基础上，利用试验结果和数据开发事故分析用的计算机软件，用于核电站的事故分析和专设安全系统的设计。

美国西屋公司设计的 AP600 是国际上首次把非能动安全系统广泛用于商用核反应堆安全设计的反应堆型号。对于像 AP600 等以非能动技术执行安全功能的革新型轻水堆，针对相关的非能动安全系统，美国联邦法规 10 CFR 50.43（e）有明确的性能验证和分析数据要求。为获得美国 NRC 的认可，美国西屋公司建立了一些用于 AP600 非能动安全系统的大型整体效应试验装置，开发了系统安全分析程序，并用试验数据对程序进行了验证。另外，还建造了许多中小型试验装置，在非能动安全壳冷却系统方面，完成了 1/100 模型的风洞试验、全尺寸安全壳穹顶 1/8 切块的水分配试验、直径 6.096 m 和高 7.315 m 的安全壳整体模型内自然对流和蒸汽冷凝试验以及 1/8 规模的钢安全壳结构传热试验等。

非能动安全系统，无论用于应对设计基准事故，还是应对设计扩展工况，作为新设计的安全系统，在其应用越来越广泛的情况下，不但其设计变得越来越复杂，而且由于自然循环等非能动驱动力的特点，系统运行经历的热工水力学过程变得异常复杂，还可能引入新的物理现象，对非能动安全系统进行模拟试验以验证其安全性能是很有必要的，并且需要验证的工况也会更多。

此外，通过核电厂运行前的系统调试可对非能动安全系统的可运行性和部分设计特性进行验证，以保证系统符合设计要求且具备防止、限制或减轻事故后果的能力。

比例分析方法为建立合理的反应堆安全系统缩比试验台架提供了理论基础。反应堆系统模型试验领域在经历几十年持续研究与不断发展后，已开发出的比例分析方法中，以现象识别等级表（PIRT）技术为基础的多级双层比例（H2TS）分析法采用较多。相比较其他方法，如线性比例方法和功率-体积法，该方法对系统中重要整体过程和局部过程均进行比例分析，且从中发展的相似准则中包含流体物性比例项，该方法是为研究复杂多相流系统试验台架而发展出的一种结构化比例分析方法。

H2TS 分析方法结合 PIRT 技术，为利用缩比试验台架能够经济、有效地验证复杂非能动安全系统提供了理论依据。而且，H2TS 方法及 PIRT 技术得到了世界上核工业界和主要监管机构的普遍认可，为反应堆安全设计中采用非能动安全系统提供了必要的验证技术。在非能动安全反应堆设计过程中，几个著名的非能动堆芯冷却系统整体试验台架，包括 APEX、ACME 等，都是应用 H2TS 方法结合 PIRT 技术建立起来的。

4.1.1 台架试验

4.1.1.1 试验台架类型

对于非能动安全系统而言，设计研发过程中通常包括以下试验类型：基本试验、工程试验、分离效应试验和整体性能试验等。

基本试验通常是在大比例台架试验之前进行的，针对特定现象进行细节研究，用于指导工程试验。

工程试验是用于验证某一特定部件的设计所进行的试验，为其他部件或系统分析提供边界条件，或为分离效应试验或整体性能试验提供初始条件。

分离效应试验为某些部件模型的发展提供数据，通常在缩比的试验台架上进行。这些试验需要进行比例分析，以确定在试验中捕捉到了需要验证的热工水力现象。

整体性能试验用于模拟不同的部件行为，提供集成的系统响应，用于验证系统安全分析程序。这些试验同样需要进行比例分析，以确定该试验能够捕捉到原型核电厂的热工水力现象。

4.1.1.2 AP600/AP1000 的台架试验验证

在 AP600 概念设计计划实施过程（1986—1989 年）中，进行了一系列试验，以给电厂设计提供输入，并证明其独特设计特征的可行性。AP600 相关试验用于提供最终安全分析的输入，验证安全分析模型（计算机程序），并为电厂部件的最终设计和验证提供数据。在 AP1000 开发过程中，美国西屋公司通过对 AP1000 现象确定和分级表（PIRT）评价、比例分析以及安全评价的分析表明，AP600 和 AP1000 对于所分析的事件具有类似的工况范围。由此确认 AP600 概念设计、设计和设计证书计划实施过程中所获得的试验信息，对 AP1000 而言是足以满足要求的。美国西屋公司审查了 AP600 所列的每项试验，并评价其对 AP1000 的适用性，评价表明 AP600 的试验足以支持 AP1000 的大部分安全分析。此外，在 AP1000 的研发和安全取证过程中，进行了分析程序适用性评价，并补充了一些试验。AP600/AP1000 的非能动安全系统相关试验见表 4-1[2,3]。

表 4-1　AP600/AP1000 的非能动安全系统相关试验

试验类别	AP600 相关试验	AP1000 相关试验
PXS 单项试验	堆芯补水箱性能试验	
	非能动余热排出热交换器性能试验	
	自动卸压系统水力试验	
PXS 系统综合试验	全高度全压力整体系统试验（SPES-2）	
	低压整体系统试验（APEX-600）	低压整体系统试验
	高压整体系统试验（NRC，ROSE-AP600） 低压整体系统试验（NRC，OSU）	
PCS 冷却单项试验	空气流道压降试验	
	PCS 水分配试验	
	水膜冷态试验	
	PCS 加热平板试验	
	冷凝传热试验	
	水膜冷凝耦合试验	
	PCS 风洞试验	
PCS 冷却综合试验	整体安全壳冷却试验	

（1）堆芯补水箱性能试验

此试验的目的是检验 CMT 在整个流量、压力和温度范围内的自然循环和排水的特性，并提供数据以支持 CMT 水位指示的设计和运行，该水位用作自动卸压系统（ADS）动作的控制信号。CMT 动作后，当冷管段含有热水时，CMT 中的水由自然循环补入反应堆冷却剂系统（RCS）；当冷管段的蒸汽进入 CMT 顶部时，CMT 中的水靠重力压向 RCS 注水。此蒸汽置换了从 CMT 排出的水。蒸汽进入 CMT 后即部分冷凝，并能影响水箱的排放性能。本试验的目的是检验水箱是否按预期排水。建造了比例为 1/8 直径和 1/2 高度的 CMT，装配了测量仪表，以获得水箱中的冷凝率，来检验计算机模型。

（2）非能动余热排出热交换器性能试验

PRHR 热交换器布置在 IRWST 内，它直接与反应堆冷却剂系统相连，将堆芯衰变热和显热传输至 IRWST 水，并仅依靠自然循环驱动力进行循环。PRHR 热交换器试验确定热交换器的传热性能和在 IRWST 内的混合性能。这些结果用来确认热交换器的尺寸和结构。试验装置由三根全长的热交换器传热管组成，它们垂直放置在充满水的圆筒形箱内，箱内加有导流围板以模拟 AP600 的 IRWST。在原型系统压力和温度下，水以原型自然循环和强制流量流过热交换器传热管。在 IRWST 水温从冷态至饱和温度范围下获取数据，以定义 PRHR 传热关系式。试验中采用导流围板模拟其他几排管子对热交换器热性能和箱体内混合效应的影响。

（3）自动卸压系统水力试验

该试验的目的是模拟ADS系统，以确认ADS阀门和鼓泡器的容量，并确定对IRWST结构的动力学效应。应用加压加热的水/汽源，模拟 ADS 喷放各阶段来自 RCS 的水/汽流量。试验分两个阶段进行。A 阶段仅使用蒸汽，蒸汽流量为包络性的体积流量。蒸汽流由管道引至浸没在模拟 IRWST 的全尺寸鼓泡器。B1 阶段试验为汽水排放，排放流量为包络性的质量流量，汽/水通过 ADS1、2、3 级两个系列之一的模拟流道喷放。设有仪表，测量水和蒸汽流量，以及 IRWST 的动载荷。鼓泡器的性能是在环境温度至 IRWST 水的全饱和温度下获得。

（4）PXS 全高度全压力整体系统试验（SPES-2）

该试验是为了提供高压下系统性能方面的数据。试验装置按照 AP600 的特性进行全高度全压力配置，包括两条环路，每条环路有一个热管段和两个冷管段、两个堆芯补水箱、两个安注箱、一台 PRHR 热交换器和一个自动卸压系统。该装置还包括按比例缩放的反应堆压力容器、蒸汽发生器、稳压器和反应堆冷却剂泵。水是工作流体，堆芯由电加热棒模拟。试验模拟了小破口 LOCA 工况、蒸汽发生器破管和蒸汽管道破裂瞬态。

（5）低压整体系统试验（APEX-600）

本试验的主要目的是检查安全壳内置换料水箱长期注水通道的运行。此外，该试验分析论证通过堆芯的水流能长期限制硼酸结晶。该装置能模拟高压系统的响应。试验模拟反应堆压力容器、蒸汽发生器、反应堆冷却剂泵、安全壳内装换料水贮存箱、自动卸压系统排气通道、下部安全壳和连接管路。热管段和冷管段与堆芯补水箱，PRHR 热交换器、安注箱和稳压器也都进行了模拟。水是工作流体，堆芯由电加热棒模拟，棒的功率用试验模拟方法按比例与堆芯功率相对应。试验模拟不同位置、不同破口尺寸，有无非安全系统运行的各种小破口 LOCA 工况。

（6）高压整体系统试验（NRC，ROSE-AP600）/低压整体系统试验（NRC，OSU）

该试验是美国 NRC 进行的监管验证试验。

（7）空气流道压降试验

试验段按照 AP600 PCS 空气流道的 1/6 比例缩小，测定空气阻力，确定是否需要按空气动力学方法进行改进以及改进的效果。试验测出每部分的流道压降，以此确定流动阻力。根据试验结果，改进了空气流道以减小压降，并将最后结果应用到 AP600 和随后的 PCS 分析中。试验测量了空气流道的压降，并对流道进行优化设计。

（8）PCS 水分配试验/水膜冷态试验

进行非能动安全壳冷却系统水膜分布试验是为了研究和确定 AP600 安全壳的水膜分布。其结果为安全壳安全分析计算机程序中安全壳壳体水膜覆盖的模拟提供输入。试验是在 1/8 全尺寸安全壳穹顶扇形片上完成的。模拟了 AP600 的供水/分布方式。试验和测量了水从穹顶中心向四周边缘的扩散，以验证水膜分布。试验装置的表面涂有研制的 AP600 安全壳涂料。试验获得了作为流量和穹顶半径函数的水膜速度和膜厚度的测量数据。

（9）PCS 加热平板试验

PCS 加热平板试验是为了获得传热和传质过程试验数据，观察液膜水动力学，包括可能出现的由于表面张力不稳定导致的液膜破断。试验时加热厚钢板的一侧，另一侧有液膜蒸发并且有空气逆向流动。钢板可以竖直放置模拟安全壳侧面，或者倾斜不同角度模拟椭圆形安全壳穹顶不同的斜面。

（10）冷凝传热试验

建造了 1/8 比例的钢安全壳结构，外部有水膜和空气的自然循环冷却，并模拟完全壳内的隔间。试验精确地模拟安全壳穹顶和侧壁传热区。该试验是对模拟侧壁冷凝和膜蒸发传热的整体安全壳试验的补充。本试验被用于验证安全壳分析的方法有效性。用仪表测量冷凝热流密度分布、传热系数、空气/蒸汽质量比和液膜蒸发率。

（11）PCS 风洞试验

安全壳冷却是依靠空气的自然循环，以加强设计基准事故期间安全壳壳体的蒸发冷却。进行风洞试验是为了验证风不会对通过屏蔽厂房和环绕安全壳体的自然循环空气冷却有不利的影响。建立了包括相邻建筑和冷却塔的约 1/100 比例的电厂模型，并装有压力测点。模型放置在风洞的边界层处，并以不同的风向进行试验。其结果用于屏蔽厂房空气入口和排出方案的设计，并确定空气导流板的载荷。已用 1/800 比例的模型进行现场布置和地形变化的试验。此外，还在更大、更高速的风洞中进行了 1/30 比例的模型试验，以确认早期的试验结果保守地代表了那些全尺寸雷诺数的期望值，并获得存在冷却塔情况下导流板的最佳估算载荷。

（12）整体安全壳冷却试验

该试验是为了研究安全壳内部自然对流的冷凝，以及外部水膜蒸发和空气流冷却的综合效应。验证非能动安全壳冷却系统在整个工况范围的运行，包括低环境温度下的运行。本试验与已完成的概念设计阶段试验和上述冷凝传热试验一起表征非能动安全壳冷却系统的设计和性能。

上述试验按照类别可分为单项试验和综合性能试验，其中 PXS/PCS 单项试验主要用于验证 PXS/PCS 单个设备性能以及安全分析程序（NOTRUMP/WGOTHIC 程序）相关模型，而综合性能试验则用于验证 PXS/PCS 系统以及安全分析程序的整体性能。

4.1.1.3 CAP1400 非能动安全系统台架

CAP1400 是国家核电技术公司在消化吸收 AP1000 三代非能动核电技术的基础上，增大堆芯容量后开发出的具有自主知识产权的大型先进压水堆核电站。设计者为评价 CAP1400 设计安全性和为验证相关安全分析程序开展了六大关键试验，分别为非能动堆芯冷却系统性能试验、非能动安全壳冷却系统性能试验、熔融物堆内滞留试验、反应堆结构水力模拟试验、堆内构件流致振动模拟试验和蒸汽发生器及其关键部件性能试验，其中非能动安全壳冷却系统性能试验和非能动堆芯冷却系统性能试验主要用于验证非能动安全系统[4,5]。

（1）非能动安全壳冷却系统综合性能台架（CERT）

CAP1400 非能动安全壳冷却系统（PCS）是非能动安全系统的重要组成部分。针对 CAP1400 堆芯尺寸增大、功率增加以及事故后安全壳内质能释放量增大的特点，结合 CAP1400 安全壳内结构特征，该试验开展了包括安全壳外的水膜覆盖规律和水膜蒸发传热特性、安全壳外的空气自然循环和自然对流、安全壳内的空气/蒸汽混合物的自然对流和蒸汽在安全壳内壁的冷凝，以及系统的整体性能试验等，并对 CAP1400 非能动安全壳的设计和安全壳评价程序进行验证。

CAP1400 非能动安全壳冷却系统性能研究及试验采用理论分析指导试验的思路，利用模化试验和理论分析相结合的研究方法，建立了 5 个单项试验台架群（水膜冷态试验台架、水分配试验台架、水膜热态试验台架、壳内冷凝试验台架、冷凝水膜耦合试验台架）和 1 个综合试验台架（CERT）。5 个单项试验主要内容如下：

1）PCS 水膜冷态试验：获得冷态工况下钢安全壳外壁面的水膜分布特性以及主要影响因素（图 4-1）。

图 4-1　PCS 水膜冷态试验台架

2）PCS 水分配试验：在 CAP1400 PCS 系统运行参数范围内验证目标经验关系式。并进一步观测水膜行为，通过试验获得不同冷却水流量下的水膜覆盖率、水膜覆盖规律和延迟时间。

3）PCS 水膜热态试验：在 CAP1400 PCS 系统运行参数范围内验证目标经验关系式，通过干平板试验验证空气与干壁面的对流换热关系式，通过水膜蒸发试验验证蒸发目标经验关系式。并进一步研究水膜在加热壁面上持续蒸发后的行为，为深入研究水膜提供基础。

4）PCS 壳内冷凝试验：在 CAP1400 PCS 系统运行参数范围内验证目标经验关系式，开发适用于混合对流条件的凝结换热模型。

5）PCS 冷凝水膜耦合试验：在 CAP1400 PCS 原型设计基准事故（DBA）运行参数范围内，模拟准稳态条件下安全壳壁面特定的热边界条件和壳内高温高湿混合气体中水蒸气对流凝结和壳外水膜与空气逆对流蒸发耦合条件下的热量传递现象，研究壳壁面在内外耦合条件下的换热特性。

CAP1400 非能动安全壳冷却系统综合性能台架试验（CERT）按照 CAP1400 安全壳 1/8 线性几何缩比，主要研究在破口事故下 PCS 运行过程中安全壳响应，为验证相关模型及程序、评价 PCS 系统整体性能提供试验数据。具体内容如下：

1）非能动安全壳冷却系统性能验证：对非能动安全壳冷却系统综合试验模化方法进行研究，采用比例分析技术设计试验台架，适当模拟质能释放、热阱吸热、大气循环和 PCS 系统作用等，从系统级别模拟事故后 PCS 的整体响应，从而验证 PCS 的系统性能。

2）考察不同参数变化对安全壳响应的影响：包括质能释放源条件（破口位置、破口方向、质能释放大小等）、PCS 流量和覆盖率、环腔内空气流速和安全壳内存在轻质不可凝气体等。

（2）非能动堆芯冷却系统性能试验（ACME）

CAP1400 非能动堆芯冷却系统性能试验（Advanced Core-cooling Mechanism Experiment，ACME）主要目标是开展 CAP1400 核电厂小破口失水事故（包括长期冷却阶段）下非能动堆芯冷却系统性能试验研究，评价不同破口条件和不同失效条件下非能动堆芯冷却系统的运行特性，认识高功率条件下多种非能动安全设备的相互作用机制，探索热工水力现象与过程的复杂物理机理，获取有效的试验数据，验证 CAP1400 非能动堆芯冷却系统设计，并对该项目的安全分析系统程序予以验证，支持安全分析。CAP1400 非能动堆芯冷却系统性能试验研究基于 CAP1400 设计特点，借鉴国际上同类型试验台架的设计经验，开展总体比例设计（图 4-2）。ACME 试验台架采用成熟的 H2TS（Hierarchical Two-Tiered Scaling）方法，基于 CAP1400 的 PIRT（重要现象识别与分级表），对原型电站进行比例分析，选定 1∶3 高度比例，模拟 CAP1400 核电厂一回路系统、非能动堆芯冷却系统、仪控系统及必要辅助系统的特性。试验包括 5 类试验内容，开展 21 项工况试验：

图 4-2　非能动堆芯冷却系统性能试验台架

1）设计基准事故试验：用于验证设计基准事故下 CAP1400 核电厂非能动堆芯冷却系统设计的有效性。

2）不可凝气体注射与否对非能动堆芯冷却影响研究试验：研究在冷段 5 cm 破口和热段 5 cm 破口两种事故条件下，安注箱注水即将结束时，明确该现象对非能动堆芯冷却性能的影响。

3）非能动堆芯冷却韧性（Robust）研究试验：明确非能动堆芯冷却不会出现“陡边”效应，验证 CAP1400 非能动堆芯冷却系统能够满足事故缓解的要求。

4）超设计基准事故（多重失效）试验：针对专设系统多重失效的情况，验证冷段破口或 DVI 管线双端断裂事故仍具有较大安全裕量。

5）纵深防御系统运行对非能动堆芯冷却系统运行的影响试验：在冷段 5 cm 破口和 ADS 误触发两种事故条件下，验证 RCS 水装量补给的纵深防御功能。

4.1.1.4　“华龙一号”非能动安全系统台架试验

“华龙一号”（HPR1000）是由中国两大核电企业——中国核工业集团公司（中核）和中国广核集团（广核）在 30 余年核电科研、设计、制造、建设和运行经验的基础上，根据福岛核事故经验反馈以及我国和全球最新安全要求，研发的具有先进百万千瓦级压水堆核电技术、完全自主知识产权的三代压水堆核电创新成果，其采用了能动+非能动的安全系统设计。在两个集团的“华龙一号”反应堆研发过程中，均搭建了非能动安全系统的试验台架。

（1）中核安全壳热工水力综合试验及装置

“华龙一号”安全壳热工水力综合试验装置（PANGU）是国内最大的模拟安全壳内热工水力现象及非能动安全壳热量导出系统功能的试验台架，安全壳模拟体高度 20 m，直径近 10 m，自由容积大于 1 000 m^3，布置温度、压力、流量、流速、气体浓度等测点共 997 个。

为全面系统地开展非能动安全壳热量导出系统研究和性能验证，研发构建了完整的一体化试验平台，覆盖了小、中、大型试验，兼具针对性和综合性。具体包括针对核心设备换热器的冷凝特性研究试验（小）、系统整体传热性能及运行特性验证试验（中）及模拟安全壳大空间的热工水力行为与非能动安全壳热量导出系统自然循环耦合的研究试验（大）。

换热及关键设备原理性试验装置设计包含3个独立的试验台架，试验覆盖了多机理、多组分、多工况，全面支撑系统核心部件换热器的设计，且对其他关键设备包括汽水分离器和蒸汽排放装置等性能进行了选型论证，为系统整体研发奠定基础。

非能动系统自然循环性能综合试验台架具有全高度、全压力的特性，且装备了 1∶1 的换热器，采用空气-蒸汽-氦气（模拟氢气）三元气体组分，具备多系统阻力调节能力，对安全壳温度、压力、冷却水位、水温、气体浓度、流速、阻力等多参数开展试验分析，从工程应用角度验证了非能动安全壳热量导出系统的实际排热能力和运行特性，对关键设备的实际性能进行了检验。

安全壳热工水力综合试验装置可用于开展非能动安全壳热量导出系统与事故后安全壳内真实的环境条件耦合效应的研究，模拟了复杂的环境条件和模化的非能动安全壳热量导出系统（图 4-3），主要试验内容包括：①典型事故模拟试验；②安全壳内热工参数不均匀性模拟试验；③内部换热器布置高度影响试验；④内部换热器周向非均匀布置影响试验；⑤凝结水收集装置影响及收集率试验；⑥内部换热器防护装置影响实验。试验结果对验证非能动安全壳热量导出系统的系统性能和大型综合性计算软件的验证具有重要意义[6]。

图 4-3　安全壳热工水力综合试验装置

（2）中核二次侧非能动余热排出系统试验及装置

二次侧非能动余热排出系统试验装置（ESPRIT）用于验证系统在全厂断电事故工况下的运行能力和特性，验证原型事故冷却水箱（水池）和原型应急余热排出冷却器（冷却器）的设计能力，为设计和改进提供试验数据基础和必要的数据支撑[7]。

ESPRIT 以“华龙一号”二次侧非能动余热排出系统原型为模拟对象，遵循全高全压模拟准则，试验模拟流动和传热过程的失真度低。ESPRIT 试验装置回路系统由蒸汽-水自然循环系统、水池排热系统、蒸汽排放支路和辅助系统组成（图 4-4）。

对 ESPRIT 开展了稳态试验、瞬态运行能力试验、参数性能影响试验。稳态试验用来验证在高压、低压条件下，高加热功率和低加热功率时二次侧非能动余热排出系统稳态运行能力。高压条件对应于二次侧非能动余热排出系统投入早期，低压条件对应于事故长期。高加热功率用于验证二次侧非能动余热排出系统最大排热能力，低加热功率用于验证二次侧非能动余热排出系统低功率条件下的运行能力。

瞬态试验包括两个试验工况：全厂断电（SBO）且汽动给水泵不可用，SBO 但汽动给水泵初期可用的工况。试验证明无论是停堆后 PRS 立即投入还是停堆后汽动给水泵运行一段时间之后 PRS 投入，都能够安全带出 SBO 之后 72 h 的堆芯热量。参数性能影响试验开展了系统阻力、换热面积对系统运行能力的影响，为系统设计提供数据支撑。

图 4-4 “华龙一号”二次侧非能动余热排出系统的试验装置

（3）广核“华龙一号”二次侧非能动余热排出系统热工试验及装置

广核“华龙一号”二次侧非能动余热排出系统（ASP）热工试验装置以典型压水堆为原型，采用国际通用的 H2TS 方法，完整模拟了压水堆的一个环路[8]（图 4-5）。主要目标是通过开展 ASP 系统工程验证性试验，研究系统的启动特性、过渡特性和运行特性，以及影响系统性能的相关因素、换热器性能等，进而验证防城港核电厂 3 号、4 号“华龙一号”机组 ASP 设计方案的可行性，并为该系统的计算机程序验证提供数据基础，为系统设计的改进提供支撑。

图 4-5 ASP 实验装置主要回路三维示意图和实物图

二次侧非能动余热排出系统试验于 2017 年全部完成，试验分为 3 类，共 40 个工况点。

1）ASP 系统稳态传热试验及敏感性研究：用于验证包含 C 型换热器和蒸汽发生器的 ASP 系统整体带热能力，同时研究了 ASP 系统压力、C 型换热器水池温度对 ASP 系统带热能力的影响。

2）ASP 系统启动稳定性试验及敏感性研究：试验研究了 ASP 系统在各类条件下的启动特性，验证了 ASP 系统在各类条件下可以建立并维持稳定的自然循环。包括：

— 不同的投运策略（汽侧隔离阀开启时间、水侧隔离阀开启时间及两者间隔时间）；

— 不同的管道阻力（汽侧上升段管道、水侧下降段管道）；

— 蒸汽释放阀（VDA）连续启动与关闭动作环境；

— 不同的蒸汽发生器液位。

3）ASP 系统事故进程整体效应试验：试验模拟了事故进程全过程，包括紧急停堆下的堆芯功率变化、给水系统的停运、ASP 系统由预设的启动信号自动投运，得到了事故进程中一回路和二回路、ASP 系统的整体响应过程，全面地验证了 ASP 系统在事故下的可行性和有效性。

4.1.2 监管验证试验

考虑到核电厂反应堆设计中引入的非能动安全系统等新设计特征对反应堆安全的重要性，为保证这些新设计得到足够充分的试验验证，不但把试验验证作为监管的重点，核安全监管部门还参与验证试验各阶段工作，包括试验方案、台架设计、验证工况选取、试验过程见证等，甚至对一些关键环节，监管部门组织或委托研究机构在已有试验台架或新建台架上独立地开展一些确认试验项目。

在 AP600、AP1000 审查过程中，美国 NRC 就独立开展了一些试验验证项目，包括：APEX 600 试验台架上开展了 45 项确认试验、ROSA 试验台架上开展了 14 项确认试验，以及在 APEX1000 试验台架上开展了 11 项确认试验等。

在国和一号 CAP1400 研发过程中，按照国家重大专项研发计划，开展了大量的试验验证工作，包括 ACME、CERT 等六大试验，国家核安全局派专业技术人员全程参与台架试验的各阶段活动，并对关键试验过程进行了见证。

4.1.3 非能动安全系统调试试验

非能动机理的物理过程缓慢、关键性能参数呈动态变化，非能动安全系统在调试试验项目的选取、试验方案的确定、调试试验程序的设计方面都呈现出与能动系统显著的区别：

1）传统的利用泵作为动力的能动系统，需要一系列的辅助系统，如正常电源、应急电源、暖通系统、冷却水、密封水系统等进行支持，这些相关的系统作为安全系统的支持系统，也必须在调试过程中验证其可用性。非能动安全系统大大减少了支持系统的配置，因此其调试项目相对较少。

2）能动系统的调试试验项目侧重于能动部件的性能调试，特别是泵的流量、阀门开启时间等，而非能动系统中由于没有泵等能动的部件，且无法模拟真实事故条件下的自然循环等特征，调试试验项目往往是验证系统流阻。

此外，受试验原理及现场条件的客观限制，验证非能动安全壳热量导出系统（PCS）带走热量的试验无法实施现场试验。我国 AP1000 依托项目针对 PCS 系统最初的设计是在调试期间，通过测量从屏蔽厂房入口区域到出口区域的风致驱动压头，验证非能动安全壳冷却空气流道的阻力，采用 16 台变频风机在空气流道出口进行排风，建立空气流动，试验采用临时仪表，在风机的多个转速平台上分别试验，通过对采集的数据进行计算，得出空气流道压降和流速的关系，计算空气流道的阻力系数[9]。但后续美国西屋公司取消了该调试试验，主要出于以下几点考虑：

1）现场试验的难度巨大，如按原设计进行试验，依托项目中 PCS 水箱顶部高度约 70 m，也就是说，至少需要在距地面 83 m 处安装大型风机以及 13 m 左右的风管，并需要保证风机和风管在距地面 70～83 m 处的结构支撑，克服风机运行时的震动，安装难度很大。

2）由于现场试验的不确定性，很难从风机驱动试验中获取有用的数据。由于压差测量的误差、外界风速和风机的流量波动等边界条件对下游压力的影响、PCS 空气流动路径复杂的几何尺寸、现场条件下不充分的速度流和/或湍流漩涡及传感器布置位置等因素，试验数据有高度不确定性，风机驱动试验可能获得大量不可用的数据。

3）PCS 空气流道阻力系数变化对事故分析结果影响较小。美国西屋公司出具了设计变更文件，取消 PCS 现场的流阻调试试验，通过在实验室进行比例模块试验（RAFT），并用 CFD 分析软件模拟试验模块，与试验结果对比，以证明 CFD 分析工具在全尺寸模拟上的实用性，最后用 CFD 模型确定 AP1000 依托项目全尺寸 PCS 的性能，以此替代现场流阻试验。关于 AP1000 依托项目的非能动安全系统的调试，本书第 5 章有更详细的描述。

4.2　非能动安全系统的能力和容量

在核电厂的设计中，必须使用设计基准事故来确定控制设计基准事故所必需的安全系统和其他安全重要物项的设计基准，包括性能准则等，目的是使核动力厂返回到安全状态和减轻事故后果。对于“安全状态”的定义，国内外没有统一确定的界定，一般定义为：核动力厂在发生预计运行事件或事故工况后，反应堆处于次临界，并能够保证基本安全功能且长期保持稳定的状态[1]。我国核安全导则《核动力厂确定的安全分析》同样要求，事故序列分析的时间跨度应延伸到核动力厂达到稳定的安全状态的时刻。安全分析报告中应提供稳定的安全状态的定义。则已达到稳定的安全状态[10]。

对于核电厂来说，通常用一回路的压力和温度来定义某一个具体状态，“安全状态”应用到具体的设计过程中时，也应对应某个具体的一回路压力和温度条件。在我国长期的核电厂设计和审评实践中，对于传统的能动安全系统核电厂，设计要求能够在设计基准事故发生后 36 h 内将核电厂以一定速率冷却到余热排出系统接入，并最终由安全级的余热排出系统将其冷却到安全停堆状态（冷停堆状态）。设计基准事故的分析中一般只分析到余热排出系统能够接入，其前提是余热排出系统是安全级的设计，该系统一旦接入，其能力和可靠性能够保证将电厂带到冷停堆状态。

对于采用非能动安全系统的核电厂，能动的余热排出系统为非安全级的，安全级的非能动系统运行机理决定了仅能把反应堆带到某个温度较高的中间状态，因为温度越低，非能动安全系统的效率越低，基本上很难像传统能动核电厂的安全系统那样，可以把反应堆一回路系统的温度带到冷停堆状态。为了确定非能动安全系统的能力，应确定适用于采用非能动安全系统的核动力厂的“安全状态”，定义一个相对安全的“安全停堆温度”。此外，非能动安全系统也受到冷却水贮存容量的限制（如 AP1000 的 PCS 系统安全壳顶部水箱），不可能无限制地扩大其容量。因此，也有必要明确非能动安全系统核电厂的“自持时间”。

4.2.1 安全停堆温度

4.2.1.1 美国对安全停堆的定义和能动核电厂的实践

编者调研了美国核电相关的法规标准，对于安全停堆，虽然美国的法规标准文件中已有多个定义，例如，美国联邦法规 10CFR50.2 中，就为 SBO（非设计基准事故）定义了安全停堆：电厂应达到电厂技术规格书中规定的停堆状态，视情况可选择如热备用或热停堆（电厂有选择地将 RCS 维持在正常运行温度或降低的温度），10CFR50 附录 R 中声明安全停堆适用于整个附录，既适用于热停堆也用于冷停堆，但美国法规标准文件中没有对正常运行或设计基准事故后电厂的安全停堆进行定义，也没有定义安全停堆状态。针对 AP1000 的安全停堆温度，美国电力研究院（EPRI）与 NRC 经过长期的研究、广泛的交流，并结合 AP1000 非能动安全系统的特点，最终确定为 420℉（215.6℃）。即在瞬态工况下，需通过安全级设施将反应堆冷却剂温度降至 215.6℃并维持一定的时间。美国 NRC 发布了一系列文件来讨论关于非能动核电厂安全停堆的相关要求[11-13]。

美国 10CFR 50 附录 A 的通用设计准则（GDC）34 中，要求核电厂应设置余热排出（RHR）系统从堆芯导出余热，以便不超出可接受的燃料设计限值和反应堆冷却剂压力边界的设计工况。GDC-34 进一步提出了设备适当的冗余和应急电源供电的要求，以确保系统在假设丧失厂外电源或厂内电源，叠加单一故障工况下完成其安全功能。提出这些要求，是为了确保 RHR 系统在长期冷却阶段可用，以便使核电厂处于安全停堆状态。

对于传统的能动核电厂，作为满足 GDC-34 要求的设计指导，NRC 发布的管理导则

RG1.139“余热排出的指导”（注：该导则已经撤销）和部门技术观点 BTP2 RSB5-1（注：新版 SRP 应该是 BTP 5-4）中提出在 36 h 内利用安全级的系统使反应堆处于冷停堆状态，对于 PWR 为 93.3℃（200℉），而对于 BWR 则为 100℃（212℉）。在管理导则中，审评人员提出该项要求的基础如下：

即使通常认为长时间维持反应堆在热备用状态是安全的，但经验表明有些事件要求最终的冷停堆和长期冷却，直到反应堆冷却剂系统温度足够低，以便能够实施检查和维修。无论对于 PWR 还是 BWR，停堆以后从反应堆导出热量到环境的能力是一项重要的安全功能。因而，无论在何种事故工况下，核电厂具有从热备用到冷停堆状态的能力是非常基本的要求。

4.2.1.2　非能动核电厂安全停堆温度的讨论

非能动先进轻水堆的设计，由于使用了非能动热量导出系统作为余热排出的手段，热量被传递到淹没热交换器的水池（安全壳内换料水池）中，因此局限于非能动热量导出过程的固有能力而不能降低冷却剂系统温度到水的沸点以下。即使能动停堆冷却系统能够把反应堆带到冷停堆或换料状态，由于这些能动余热排出系统是非安全级的，也不能满足导则 RG1.139 或者 BTP RSB 5-1 的要求。

为论证 AP1000 满足 10 CFR 50 附录 A 的要求，美国电力研究所（EPRI）定义了一种安全稳定停堆状态为 215.6℃（420℉），并且声明非能动安全系统不必具有带到冷停堆状态的能力。EPRI 基于这样一个观点，相信非能动余热排出系统具有固有的、高的、长期的可靠性。EPRI 主张非能动先进轻水反应堆的设计满足 GDC34 的要求，因为他们使用了冗余的安全级非能动系统，而且能够在 RCS 全压下运行，使反应堆在停堆后立即处于可长期冷却模式，并且由于这些系统维持的状态是安全的，完全跟 GDC34 的要求是一致的，即维持燃料和冷却剂压力边界在可接受的限值之内。

在评估 EPRI 关于安全停堆的立场时，NRC 考虑了构成安全停堆状态的条件，并评估了 EPRI 为满足 GDC 34 而提出的方法的可接受性。NRC 认为，在 RG 1.139 和 BTP 5-1 中，要求余热排出系统能够将电厂带到并维持在冷停堆状态，其目的是使营运单位能够对电厂进行检查和维修，并认为只要反应堆次临界、带走衰变热和安全壳包容功能得到长期妥善的维护，则电厂状态就可能构成安全停堆状态（安全稳定状态）。

美国核电用户要求文件（URD）中提出了“下一代”核电站（即第三代核电站）的安全和设计技术要求，其中包括先进型的非能动（安全系统）核电站[14]。该文件中确定了非能动衰变热排出系统的性能要求，即具有足够的能力，在反应堆停堆 36 h 内将反应堆冷却剂温度降至 215.6℃（420℉）。为了确保衰变热排出功能能够满足 GDC34 的要求，URD 还规定，在单一故障时，对于所有的电厂功能，反应堆冷却剂系统的安全级的非能动余热排出系统能够将 RCS 从功率运行压力和温度带到并维持在安全稳定状态（215.6℃）。EPRI 还要求电厂在长期冷却模式下的运行是自动的，不需要操作员采取行动来冷却电厂。非能动余热排出系统的运行不需要交流电源、泵或阀门操作（系统启动的初始操作除外），也不需要支持系统（如设备冷却水或厂用水），而且反应堆停堆后至少 3 d 内不需要补给水而能够稳定和独立地运行。因此，电厂能够使用安全级的非能动余热排除系统使反应堆维持在安全稳定状态。此外，在非能动余热排出系统或主蒸汽系统实现第一阶段的停堆后，将提供一个非安全级的用于反应堆停堆冷却的系统，以使核电站能够达到并处于冷停堆状态，进行检查和维修。EPRI 指出，这些非安全系统需要高度可靠，并且这些系统或其支持系统的单一故障，不会导致无法实现冷停堆。

NRC 认为，与现有的能动系统相比，非能动余热排出系统具有潜在的优势，可以将核电站维持在完全符合 GDC34 要求的条件下，以将燃料和反应堆冷却剂压力边界保持在可接受的范围内，并包容可能存在的放射性物质。非能动安全注射系统和相关的降压系统也可以防止非能动余热排出系统长期运行期间反应堆冷却剂水装量的损失。在详细的设计分析过程中，可以通过适当的评估来证明这些非能动系统的能力，包括：

1）开展安全分析，以证明非能动系统可以使核电厂达到安全稳定状态并保持该状态，没有瞬态会导致违反燃料设计限值和压力边界设计限值，并且该状态引发的高能管道故障不会导致违反 10 CFR 50.46 的准则。

2）开展概率安全分析，包括安全停堆状态引发的事件，确保满足安全目标的限值要求。PRA 也将决定风险重要的系统和部件的可靠性/可用性（R/A）使命/任务，将其作为非安全系统监管要求（RTNSS，对 RTNSS 的具体描述在本书的第 4.3 节）的一部分。

除以上讨论外，NRC 还担心，非能动系统的设计基准容量为 72 h，非能动余热排出系统水池在无补给的情况下，其水容量仅允许紧急停堆后运行 72 h。并提出如果有可靠的非安全级支持系统或设备可用于补充水池，以在 72 h 后维持非能动余热排出系统的长期运行，则可以保持长期安全稳定的状态。基于此，URD 中对非能动电厂提出了进一步的要求：提供非安全级的支持系统，来维持假设始发事件发生的 72 h 持续时间后非能动系统的运行，这些非安全级设备的设计应考虑预期环境的影响，并且仅需要简单、明确的操作员操作和易于完成的场外协助来完成；此外，设计可靠的非安全级系统将电厂带到冷停堆状态。NRC 在 SECY-94-084 中提出了一个可以接受的程序来解决非安全级重要物项的管理（RTNSS）问题，NRC 建议对非安全级支持系统和设备以及能动的余热排出系统的风险重要性进行评估，并满足适当的设计和可靠性标准，为非能动系统提供 72 h 后的备用能力。上述措施为了达到两个目的，一是确保非能动余热排出系统可以长期运行以维持事故后反应堆安全稳定的状态，二是确保有可靠的非安全级系统能够将电厂带到冷停堆状态。

根据上述讨论，NRC 得出结论，冷停堆不是唯一能将燃料和反应堆冷却剂边界保持在可接受范围内的安全稳定停堆条件，根据可接受的非能动安全系统性能和非安全级系统监管处理（RTNSS）的可接受解决方案，EPRI 提出 215.6℃（420℉）或更低的温度条件作为安全稳定停堆条件是可接受的，该状态是在非 LOCA 事故发生后非能动余热排出系统必须能够达到并维持的。

4.2.1.3　我国非能动核电厂关于安全停堆温度的实践

我国作为 AP1000 的技术引进国，在技术消化吸收以及核安全审评监督的过程中，也对非能动系统的能力进行了大量的讨论。借鉴国际经验和满足国内的核安全要求并充分考虑 CAP 系列核电厂特殊性，确定了针对 CAP 系列核电厂的原则如下文所述[16]。

考虑到 CAP 系列核电厂利用非能动安全系统实现设计基准事故下全部安全功能，为进一步提高核电厂安全性，充分利用作为纵深防御延伸的非安全级系统（参考 SECY-94-084 和 SECY-95-132），应结合确定论和概率论两方面识别出非安全级重要物项。这些物项应考虑适当的质量保证措施和可用性控制要求。对于事故 72 h 到 7 d 提供安全功能的物项，在设计上还需考虑可用性，以及适当的抵御内外部灾害的能力。对于抵御内外部灾害的能力，在 AP1000 引进消化吸收并形成 CAP1400 核电厂技术的过程中，提出了“抗震加强”的设计要求，包括对 AP 系列核电厂用于承担纵深防御功能的非安全级正常冷却链（如余热排出系统、设冷水系统、重要厂用水系统、启动给水系统、除盐水补给系统及乏燃料水池冷却系统等）的抗震加强，也包括对给安全级非能动系统提供 72 h 后运行支持（如 PCS 系统的补水水箱 PCCAWST 等）的非安全级系统的抗震加强。

由于采用安全壳和堆芯非能动冷却方式作为排出安全壳内和反应堆堆芯余热的可靠手段，CAP 系列核电厂参考 SECY-93-087、SECY-94-084、SECY-95-132 关于非能动核电厂安全停堆的相关要求，安全停堆温度可定义为反应堆冷却剂温度低于 215.6℃，即在瞬态工况下，需通过安全级设施将反应堆冷却剂系统温度降至 215.6℃以下，维持安全稳定状态，后续根据需要可通过安全级系统（如 ADS4 和 IRWST）或非安全级系统将核电厂带入长期稳定状态。

4.2.2 非能动安全系统核电厂的“自持时间”

电厂的“自持时间”可定义为仅依靠电厂的场内设施，而维持电厂在安全状态和缓解事故的持续时间。对于非能动安全核电厂，非能动安全系统容量受到限制，不可能无限制地扩大其容量。因此，非能动核动力厂设计还包括一些能动的系统，为反应堆冷却剂补给和衰变热排出提供纵深防御能力。这些非安全级的能动系统是第一道防线，以减少瞬态或电厂故障时对非能动安全系统的挑战，同时允许在始发事件发生一定时间后被取信用于事故的缓解。根据目前 AP 系列电厂的设计，并参考美国 NRC SECY-94-084 的指导以及 EPRI 用户要求文件（URD）的主要设计要求，非能动安全系统应有能力保证在始发事件后 72 h 内，不依赖操纵员行动和厂外支援，独立执行其既定的安全功能。

针对设计基准事故 72 h 后的应对措施。在美国西屋公司最初提交给 NRC 的申请文件中[16]，建议设计基准事故 72 h 后的行动中依赖场外设施执行下列功能：堆芯冷却、一回路水装量和反应性控制、安全壳冷却和最终热阱、主控室可居留性、主控室事故后监测和乏燃料池冷却。为了在所有交流电源丧失超过 72 h 后支持这些安全功能，AP600 设计包括移动设施、气源和水源等补给及安全级的接口，以提供延长的支持行动。移动设施和补给包括带有直接柴油驱动装置的便携式泵、便携式发电机、空气冷却器和风扇、压缩空气瓶、冷却安全壳外部的水，以及安全壳内部用于堆芯冷却的补给水和用于乏燃料池冷却的补给。

但 NRC 工作人员针对 72 h 后行动对场外支持的依赖表示了对事件后长期冷却的重大担忧，认为只有合格且永久安装的设备才能用于设计基准事故场景的恢复，不应考虑场外设备。美国西屋公司建议使用的场外设备，以及燃料油、冷却水和可呼吸空气等消耗品被假定为在预先确定的来源处通过商业行为获得，因此无法保证设备的可操作性。此外，在自然灾害导致场外电力长期丧失的情况下，由于运输困难以及周围社区对此类物品的需求，将设备和供应品运送到现场的难度更大，尤其是在最初的 72 h 内。因此，最终 AP1000 的设计实践为电厂能够长期使用（至少 7 d）现场内的设备和供应品来应对所有的设计基准事故。执行安全功能的非能动安全系统应有能力保证在始发事件后 72 h

的时间内，不依赖操纵员行动和场外支援，独立执行其既定的安全功能。始发事件 72 h 至 7 d 内，应依靠现场的设施，通过补水、补气等方式延长非能动安全系统的运行，或恢复非安全级系统的功能来缓解，72 h 后所需的设备无须处于自动响应的备用模式，但必须随时可用于连接，并应考虑地震等自然现象的影响。始发事件 7 d 后可考虑场外支援，包括补充柴油、压缩气体等消耗品。

我国 CAP1000 和 CAP1400 的设计中也采用了上述电厂自持能力的设计要求。

4.3　非安全级重要物项的考虑

4.3.1　RTNSS 监管要求和实践

非能动安全系统主要依靠自然力量，如密度差、重力及蓄能等，为堆芯和安全壳冷却提供水源，而不是依靠电力驱动的泵、电动阀等能动设备。非能动安全反应堆的能动系统均被设计成非安全级的，也不被采信用于缓解设计基准事故。尽管非能动安全系统不依赖动力电源驱动，而且具有很高的可靠性，但由于非能动安全系统还缺乏运行经验、非能动现象的不确定性以及非能动安全系统的低驱动压头，NRC 在审查核电厂安全过程中强调了那些为反应堆冷却剂补充和余热排出提供纵深防御功能的非安全系统的重要性，因此提出了“非安全级物项监管要求”，即“Policy and Technical Issues Associated with the Regulatory Treatment of Non-Safety Systems（RTNSS）”的相关要求。NRC 提出 RTNSS 的过程简要总结见表 4-2[17]。

表 4-2　NRC 提出 RTNSS 的过程简要总结

时间节点	主要进展
1989 年 8 月	NRC 审评人员识别出 8 个与 RTNSS 相关的技术与政策问题，并认为这些问题是支撑 NRC 委员会对 ALWR 设计可接受性做出评价的基础
1990 年 12 月	NRC 审评人员根据 SECY-90-406 对非能动安全设计发现的技术问题，列出了非安全级能动系统承担的功能
1993 年 4 月	NRC 在文件 SECY-93-087“政策、技术和执照问题，有关改进型和先进轻水堆设计”中讨论了 RTNSS 问题，并声明建议在一份专门的 NRC 委员会文件中说明该问题的立场
1994 年 3 月	NRC 审评人员就 RTNSS 问题与各相关方达成共识，并将 SECY-94-084“非能动核电厂设计中 RTNSS 相关的政策与技术问题”提交 NRC 委员会，请求 NRC 委员会批准文件中相关的审评人员立场

时间节点	主要进展
1995 年 5 月	NRC 发布了 SECY-95-132，充分反映 NRC 委员会对 SECY-94-084 的审查情况和评论，进一步明确了审评人员对 RTNSS 相关问题的立场，并规定了 RTNSS 的范围、接受准则以及实施过程中具体步骤
2014 年 6 月	NRC 发布了标准审查大纲(Standard Review Plan，SRP)19.3 节，对非能动核电厂 RTNSS 在范围、准则和方法等方面的要求进行了补充与完善，并系统地提出审评人员在实施 RTNSS 过程中须参照的规范化要求，以单独章节对非能动核电厂中非安全级系统进行监管

注：SECY 文件是指提交给 NRC 委员会的有关政策、制度、决议或一般信息的文件，这些文件由委员会秘书处（Office of the Secretary of the Commission，SECY）提交并编号。

通过系统总结 SECY-93-087、SECY-94-084 和 SECY-95-132 等文件提出的要求，以及 NRC 审评人员与工业界、研究机构开展的广泛讨论，确定非能动核电厂实施 RTNSS，包括以下 5 项要素：

1）URD 描述了风险重要的 SSC 设定可靠性/可用性（R/A）任务应采用的程序步骤，这些 SSC 的 R/A 任务须满足监管要求，并与 NRC 的安全目标进行比较。正如聚焦的 PRA（focused-PRA）或确定论分析中的定义，R/A 任务是能充分保证 SSC 完成其功能的一系列有关性能、可靠性和可用性的要求。

2）在设计中应用该程序步骤确定风险重要的 SSC 的 R/A 任务。

3）若认为能动系统是风险重要的，NRC 审查 R/A 任务以确定其是否充分，以及可靠性保证大纲、可用性相关的行政控制，或简化的技术规格书和运行限值条件是否能合理地保证在运行期间实现该任务。

4）如果依靠能动系统去实现 R/A 任务，应对这些能动系统提出与其风险重要性相符的设计要求。

5）设计中针对有风险重要的 SSC 的 R/A 任务，提出了包括安全相关和非安全相关设计特征的确定性要求。

纳入 RTNSS 管理的系统包括：

1）SSC 的功能被用来缓解某些特定的超出设计基准的事故，如未能紧急停堆的预计运行瞬态（ATWS）和 SBO。

2）SSC 的功能被用来解决长期的安全问题（长期指设计基准事故发生 72 h 后的 4 d 内）和应对地震事件。

3）在功率运行和停堆工况下，SSC 的功能被用来满足监管要求的安全目标（即堆芯损坏频率和大量放射性释放频率）。

4）在严重事故期间，SSC 的功能被用来达到安全壳性能目标，包括安全壳旁路准则。

5）SSC 用来防止在非能动安全系统和能动非安全级系统之间显著的不利影响。

按照 RTNSS 程序，对非能动核电厂安全重要的非安全相关 SSC 进行监管，一般包括 3 个方面的步骤：首先，需对非能动核电厂非安全相关 SSC 进行筛选和识别；其次，对于 RTNSS 监管范围内的 SSC 建立特定的 R/A 任务；最后，提出跟 R/A 任务相匹配的监管要求。图 4-6 描述了 RTNSS 的实施过程。

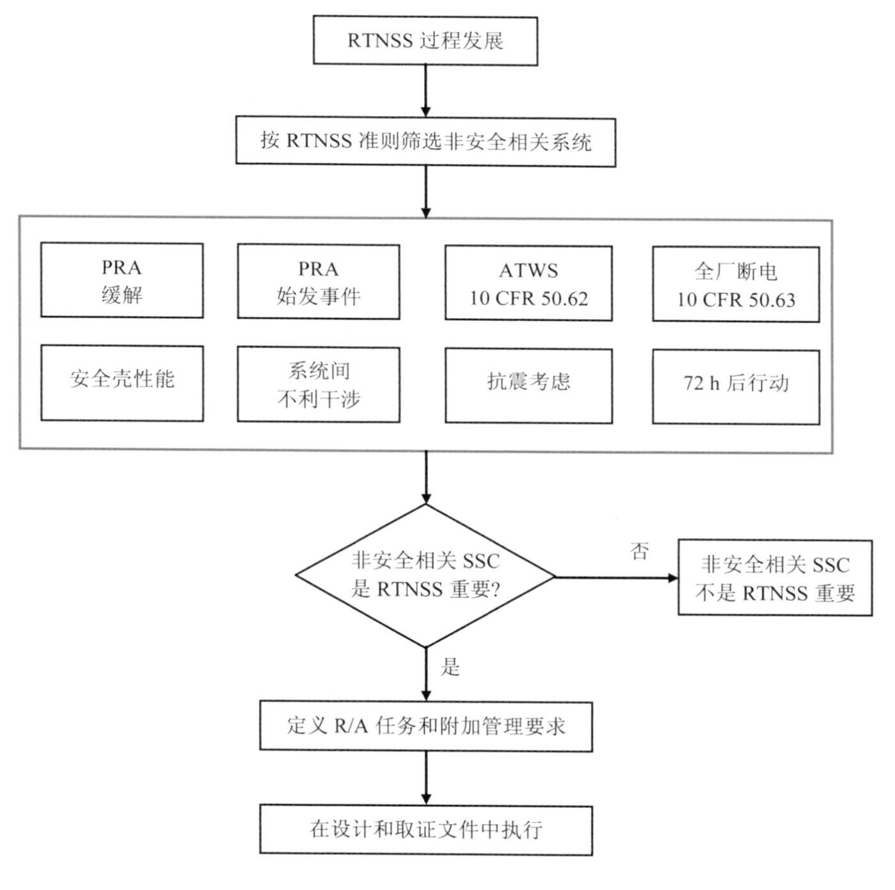

图 4-6　RTNSS 的实施过程

在非能动核电厂的设计中，为保证非能动核电厂的安全水平，应考虑提高上述重要的非安全级系统的设计要求，以确保这些 SSC 的可用性和可靠性，这也是非能动安全系统的特征决定的。针对非能动安全核电厂中有关 RTNSS 的监管要求，2014 年美国 NRC 正式发布了标准审查大纲（SRP，NUREG-0800）第 19.3 节，进一步明确和固化非能动核电厂中承担重要安全作用的非安全级能动系统的监管要求，包括纳入核安全监管范围的非安全级能动系统的构筑物、系统和部件满足特定质保大纲的要求，而且 NRC 将关注可用性控制手册（ACM）的满足情况、地区监督站对可靠性/可用性（R/A）目标进行监督等。当然，无论 SECY 文件还是 SRP 文件，都体现了美国 NRC 对非能动核电厂中非安全级重要物项的监管要求。

4.3.2 我国的监管要求和设计实践

通过 RTNSS 对非能动核电厂重要的非安全相关 SSC 进行监管，非能动核电厂在纵深防御方面得到增强，安全设计向多重失效、事故长期阶段、应对地震等方面进行了扩展，并对用于达到严重事故下安全壳性能目标、概率安全目标的 SSC 提出可用性要求。因此，NRC 对非能动核电厂提出 RTNSS 的监管要求，提高了非能动核电厂的安全性，增强了非能动核电厂在应对极端外部灾害、陡边效应和多重失效等超设计基准事故的能力，有效降低了非能动核电厂事故工况下早期和大量放射性物质释放的风险。

非能动核电厂设计基准事故分析中并不依靠正常余热排出系统、设冷水系统、厂用水系统、乏池冷却系统、备用柴油发电机等来应对设计基准事故，因此上述系统为非安全级系统，不要求满足安全相关准则。但是上述能动系统起到纵深防御功能的作用，作为第一道防线防止非能动安全系统的不必要的启动；同时由于非能动安全系统还缺乏运行经验，以及固有的现象学的不确定性，这类不确定性提高了上述能动系统作为非能动安全系统后备的重要性，也是另一个方向上的纵深防御。因此，应把上述非安全级的能动系统纳入监管范畴，尽管没有必要要求相关的能动系统满足所有的安全相关准则，但有必要通过适当的监管来保证较高的可用性水平，在需要的时候能够发挥重要的安全作用。

在总结 AP1000 依托项目工程实践经验的基础上，结合福岛核事故的经验反馈，国家核安全局在国和一号 CAP1400 示范工程项目上制定了有关的审评技术见解，要求非能动核电厂中承担纵深防御功能的非安全级能动系统，应具有较高的可靠性/可用性，因而这些系统的设备和部件在制造过程中应遵循适当的标准规范，同时需提高其抗震设计（不要求一定按照核级抗震的要求进行提高）的性能，针对事故后需要发挥功能的设备要求震后是可用的。在国家核安全局发布的审评技术见解[18]中针对执行纵深防御功能的重要系统，包括正常余热排出系统、设冷水系统、厂用水系统、乏燃料池冷却系统的可用性和可靠性，提出具体要求如下：

1）构筑物方面，容纳相关设备的附属厂房 1 区、2 区、3 区按抗震Ⅱ类设计，循环水泵房、柴油发电机厂房按照民用重点设防类（乙类）设计（设计基本地震加速度按 50 年超越概率 10%相应的厂址地震安评结果且不低于本地区抗震设防烈度的加速度对应值确定），汽轮机厂房第一跨、综合管廊、取水构筑物按照民用重点设防类（乙类）设计。

2）系统设备方面，应逐项分析，对薄弱环节进行加强。系统管线采用支撑或锚固加强措施；泵阀类设备原则上采购成熟的安全三级设备；电气仪控设备的可靠性要求不低于核岛五大控制系统。

对于非能动核电厂中有关移动设施的设计要求，考虑非能动安全系统的设计容量仅满足 72 h 运行能力，后续可通过补水、补气等方式延长非能动安全系统的运行，因此设计上对补水、补气的接口明确了要求，并考虑采取措施提高上述补水、补气措施的可靠性。在《CAP1400 示范工程项目若干审评问题的技术见解》中，针对设计基准事故下安全壳长期冷却，要求 CAP1400 设计中考虑采取适当的措施，提高 PCS 系统补水的可靠性，确保在设计基准事故下，尤其是安全停堆地震 SSE 后，具备实施有效的操纵员干预和 PCS 系统补水的条件。具体包括：

1）非能动安全壳冷却辅助水箱按抗震Ⅱ类设计。

2）非能动安全壳冷却系统事故后补水的再循环管线的有关物项按照抗震Ⅱ类设计，并在设计上考虑附加功能要求，以保证上述物项在非运行状态下经历 SSE 地震后，仍能执行相应功能。

3）设置移动式水泵和梳理可靠水源，制定 72 h 后的水源补给方案及相关规程，对补水操作进行指导。

此外，根据《福岛核事故后核电厂改进行动通用技术要求（试行）》，从强化纵深防御的角度，国内已有的非能动安全核电厂址设置了移动柴油发电机和移动柴油机泵。以 AP1000 依托项目为例，三门厂址设置了一台 400V 低压移动柴油发电机组、一台 10kV 中压移动柴油发电机组（供电负荷包括正常余热排出系统泵及相关的仪控和暖通负荷），以及两套移动式柴油机泵，并针对上述移动设施设置了相应的接口，同时将移动设施的管理纳入核电厂事故管理的范围。

美国 NRC 和核工业界的多年研究成果和监管实践经验开发出的 RTNSS 监管程序，

具有较强的可执行性和成熟性，不但明确了监管方的职责和范围，包括审评人员和地区监督站现场监督人员，而且规定了工业界的责任和要求，包括制造商和电厂营运单位的责任和要求。我国仅对 AP/CAP 系列核电厂的正常余热排出系统、设备冷却水系统、厂用水系统和乏燃料池冷却系统提高可用性和可靠性的设计方面提出了明确的设计要求，并通过设计审评和将其纳入执照文件范围的方式来进行监督管理，目前并没有形成一套完整的、可执行的监管程序，对相关 SSC 在设计、制造、建造、安装和运维等各阶段缺乏全范围、系统化的监管。

4.4 非能动单一故障

对于核电厂的设计，单一故障准则是用于确定电厂系统、设备或部件的配置的一种强制准则。我国《核动力厂设计安全规定》（HAF 102—2016）中对单一故障准则的应用进行了明确的要求：必须对核动力厂设计中所包括的每个安全组合都应用单一故障准则；不符合单一故障准则的情况必须是极个别的，并必须在安全分析中明确证明是正当的；设计必须适当考虑非能动部件的故障，除非能够在具有高置信度的单一故障分析中证实：该部件的故障极不可能发生，并保持其功能不受到假设始发事件的影响。在以往能动安全系统的设计中，往往假设能动设备（如泵、阀）的单一故障，并通过设置多重的系列保障措施，以满足单一故障准则。而对于非能动安全系统来说，由于需要运行，用于缓解事故的时间变长（如 72 h 甚至更长），除考虑能动的单一故障外，也应考虑非能动单一故障。

美国先进轻水堆用户要求（URD）中对非能动电厂的单一故障准则的考虑提出了要求，应考虑的单一故障类型包括：

— 能动部件的失效：未按要求动作、虚假动作；

— 电气设备的失效：一列电源失效、一列信号失效、虚假信号和常见的传感器故障、与某个能动部件失效相关的无效信号；

— 非能动部件的失效（始发事件后 24 h）：阀门填料泄漏、密封泄漏、法兰泄漏。

美国 NRC 文件 SECY-77-439 中指出，流体系统中的非能动故障是指流体压力边界破裂，或对流动路径产生不利影响的机械故障。例如，简单的止回阀无法在需要时移动到正确的位置，流体从故障部件（如管道和阀门）泄漏，特别是阀门或泵的密封失效，或管路堵塞等[19]。在非能动部件故障的研究中，针对 LOCA 事故（事故发生后 24 h 或更长时间）的长期冷却阶段，不需考虑管道破裂，但要考虑泵或阀门密封件故障而导致流体泄漏。这是由于 ECCS 一直处于备用状态，且事故后所需运行的时间较长，在 LOCA 后的不利条件下，泵和阀门的密封件加速腐蚀的可能性会增加，在设计中要考虑长期运行时会发生故障。此外，SECY-94-084 中讨论了针对非能动核电厂，流体系统中非能动部件的单一故障原则。SECY-94-084 中基本引用了 SECY-77-439 中关于非能动部件单一故障准则的技术观点，即根据 1969 年以来积累的审查经验，多数情况下流体系统的非能动故障概率很小，在应用单一故障准则确保核电厂安全时，除了初始失效外，不需要进行假设。但针对止回阀是否需要考虑单一故障，给予了详细的讨论说明。

早期 NRC 通常将止回阀（安全壳隔离系统中的止回阀除外）作为非能动装置，不会将止回阀故障作为单一能动故障。但对于具有低驱动力的非能动安全系统设计的独特特征，考虑到止回阀在非能动安全系统的操作中具有高度的安全意义，且止回阀的操作经验表明其可靠性可能低于最初预期，NRC 工作人员建议将止回阀定义为能动部件，考虑单一故障准则，除非可以证明其故障概率低于万分之一。

以 AP1000 设计的非能动堆芯冷却系统（PXS）为例，PXS 设计中考虑了能动部件单一故障失效和非能动部件单一故障失效[20]。

（1）能动部件单一故障失效

能动失效是指动力设备、供电系统的设备或者按其指令执行其功能的仪表和控制设备的失效。例如，电动阀的阀位不能移到其指定的安全动作阀位。在 AP1000 非能动堆芯冷却系统设计中，把止回阀动作失效作为能动失效。更确切地说，即假定常关的止回阀也许会打不开，常开的止回阀也许会关不上。但在非能动堆芯冷却系统中，止回阀失效的处理有两个例外：

1）安注箱的止回阀，它的处理方法和在当前已批准的电站设计中的止回阀一致。

2）另一个是在事故期间堆芯补水箱的止回阀在关闭后不能再打开。止回阀的关闭是能动的安全相关功能，这是因为它们必须关闭来防止安注箱注入旁通，从而减轻设计基准事故后果。阀门的开启也是能动的安全相关的功能，用于在安注箱注入之后重新开始 CMT 注入。安注箱投运造成的 CMT 止回阀关闭要考虑单一故障。但是，由于考虑到安注箱运行期间 CMT 止回阀循环关闭后几分钟内不能再开的概率很低，所以止回阀随后的重新开启不用考虑单一故障。

由 AP1000 PRA 可知，这些止回阀的可靠性非常重要，被包含在设计可靠性安全大纲（D-RAP）内。因此，阀门的供应商应该吸取这种型式的产品的运行经验反馈，从而有信心说明它们像 AP1000 的 PRA 假设的一样可靠。另外还要考虑一定的裕量和设计特性，以降低故障概率，并最小化维护时可能导致的故障。

（2）非能动部件单一故障失效

非能动失效是静态设备的结构失效，它限制了设备执行其设计功能的有效性，如法兰泄漏，或者阀门的密封泄漏。在事故后长期运行阶段，非能动堆芯冷却系统能承受单一的非能动失效，并且仍然保持到堆芯的完整通道，以提供足够的流量保持堆芯的淹没和排出衰变热。

因为非能动堆芯冷却系统的设备在安全壳内，不会由于非能动失效引起厂外剂量。同样，在自动卸压系统启动后，反应堆冷却剂系统的压力非常接近安全壳压力。因此，在非能动失效后，没有必要隔离非能动堆芯冷却系统。

非能动堆芯冷却系统的流道是独立的管线，它们中的任何一条管线都能提供最小的堆芯冷却功能，并且将安全壳地面溢流水输送回反应堆冷却剂系统。长期的非能动堆芯冷却系统两条冗余流道中的一条就能提供足够的堆芯冷却。

对于按照较高安全标准设计的管线或安装在相对较低温度和压力条件的情况，非能动泄漏将不作为一个可信的失效机理，管线堵塞也不作为一个非能动的失效机理。

4.5 自然环境对非能动安全系统性能的影响

与能动安全系统核电厂不同，非能动安全系统的最终热阱往往是大气，依靠与自然环境的换热带走反应堆的热量，其传热链条上的重要物项不可避免地会与自然环境接触并受到环境条件的影响，因此设计应充分考虑核电厂建造和运行期间非能动安全系统的状态并采取相应的监测措施。

如 AP/CAP 系列的非能动安全壳冷却系统，其钢制安全壳表面在运行期间的沾污和结垢，甚至可能发生的腐蚀均会对表面水膜覆盖率和换热效率产生影响，进而影响非能动安全系统的排热效率，在设计阶段应充分考虑和验证物项状态对系统性能的影响。CAP1400 设计中开展了安全壳涂层自然积垢试验。试验目标在于研究露天环境下自然积垢对安全壳外表面涂层性能的影响，定期测试水膜润湿性能、涂层导热性能、涂层表面粗糙度、涂层厚度和涂层表面形貌等，并采用放入防潮箱的试验样块进行对比，分析自然积垢对涂层性能的影响，验证涂层的可靠性，图 4-7 是 CAP1400 安全壳涂层自然积垢试验。

图 4-7　CAP1400 安全壳涂层自然积垢试验

自然积垢系统用于向本体试验板提供自然积垢条件，自然积垢系统主要为支架、固定装置和防潮箱。支架及固定装置均放置在室外的露天环境中。自然积垢系统同时设置防潮箱，一方面用于和积垢试验结果进行对比，另一方面用于保存试验完成后冲刷用试验样块以及积垢用试验板及试验样块。防潮箱具有足够的容积以保存所有样品。在试验过程中，每隔 1 个月将试验样块从支架上取出一组进行涂层性能测试，每隔 12 个月将试验样块从防潮箱中取出一次进行涂层性能测试，总共持续 2 年。

此外，极端环境条件也是设计中需要考虑的方面。对于采用空气冷却热交换器的余热排出系统，反应堆冬天运行期间，余热系统工作状态为热备用，应特别注意空冷器的防冻问题，在运行过程中，应根据大气环境温度和空冷器的进出口温度，监测和分析空冷器的工作状态是否正常。如果室外温度太低时，应考虑采取适当的措施抵御空冷器发生管道冻裂现象。国内高温气冷堆示范工程就发生过由于极端低温条件导致余热排出系统空气冷却器管道冻裂的事件，事件发生后电厂对运行规程进行了优化，提前干预空冷器的运行异常工况，提高防冻裕量，避免空冷器再次发生冻裂。在本书的第 5.3.4 节将对具体的事件进行描述。

4.6 事故后安全壳大气中气载放射性物质自然去除

典型核事故中释放到安全壳的裂变产物大部分是以气溶胶的形态存在。气溶胶颗粒本身是固体或液体，但其非常微小，且高度分散在气体（如空气）介质中，如烟或雾。气溶胶在安全壳内的扩散、沉积及分布直接影响到释放至环境中的源项及整个核电站的放射性分布。

非能动核电厂配置了非能动的安全壳冷却系统，未采用安全级的安全壳喷淋系统，安全壳内非能动的自然去除过程是放射性气溶胶的一个重要去除机理，其可靠性较高，但对其行为进行分析较为复杂。气溶胶自身的迁移行为受多种因素影响，包括气溶胶粒子自身固有的布朗扩散、重力沉降、热泳、扩散泳。在通常情况下，蒸汽冷凝必然存在温度梯度，因此发生扩散泳时通常伴随热泳，扩散泳的驱动力是朝向冷凝壁面的蒸汽流动和相关的Stefan流动，而热泳的驱动力是安全壳大气和安全壳壁面间较大的温度梯度，因此安全壳内部的压力温度等因素的改变均会对气溶胶粒子的运动造成影响。此外，安全壳内的高湿度会引起气溶胶颗粒强烈的凝结增长。蒸汽会在气溶胶颗粒表面凝结，部分颗粒可能会溶解，吸湿性气溶胶颗粒受该种效应的影响更为强烈。蒸汽凝结显著增加颗粒的尺寸。粒径的增大会提高重力沉降速率。此外，凝并和聚团会因气溶胶大粒子同小粒子的碰撞而加强，从而增加粒子的粒径与质量。

4.6.1 安全壳内气溶胶自然去除的机理与模型

对于非能动系列压水堆，主要考虑的事故后安全壳内气溶胶的运动形式如下：①在重力作用下产生的沉降；②空气中的蒸汽在壁面的凝结而引起的扩散泳；③空气中温度梯度引起的热泳。

重力沉降是安全壳内气溶胶去除的一个主要机理，此机制的一个标准计算模型［具有滑移修正因子的斯托克斯（Stokes）方程］为：

$$\upsilon_s = 2\rho g r^2 C_n / 9\mu\varphi \tag{4-1}$$

式中：υ_s——气溶胶粒子的沉降速率，cm/s；

ρ——粒子的密度，g/cm^3；

g——重力加速度；

r——粒子的半径，cm；

μ——气体的黏度，Pa·S；

φ——动力形状因子；

C_n——Cunningham 滑移修正因子，是 Knudsen 数（Kn）的函数，Kn 数为气体分子平均自由程除以粒子半径。

Stokes 方程简单地假设粒子是球形的，实际上粒子不是球形的，所以在 Stokes 方程的分母中引入了“动力形状因子”加以修正，使得非球形的粒子在迁移时，速率与同体积球状粒子相等。因此，这个动力形状因子 φ 的值取决于粒子的形状，通常必须由实验测定。

扩散泳是粒子被冷凝蒸汽形成的流动（Stefan 流）扫向壁面（如安全壳内壁）的过程。粒子在表面上的沉积速率与粒子大小无关，而与蒸汽在表面上的冷凝速率成正比。描述该现象的标准方程式由 Waldmann 和 Schmit 建立。

$$v_d = \left[\sqrt{M_v}\Big/\left(\sqrt{M_v} + \chi\sqrt{M_a}\right)\right]\cdot(W / \rho) \tag{4-2}$$

式中：M_v——蒸汽的摩尔质量，g/mol；

M_a——空气的摩尔质量，g/mol；

χ——安全壳内空气与蒸汽的摩尔份额之比；

W——蒸汽在单位面积壁面的冷凝速率，g/（cm^2·s）；

ρ——安全壳大气中蒸汽的质量密度，$\mathrm{g/cm}^3$。

热泳是粒子在安全壳大气与表面之间的温度梯度的影响下，漂向表面（如安全壳内壁）的过程。这一现象的发生是因为处于较热一端的气体分子与粒子的碰撞比较冷的一端多。这样，粒子就有了从热端到冷端方向转移的净动量。热泳的沉积率与气溶胶的大小有一定关系，它正比于壁面的温度梯度，或等效地与传热至壁面的速率成正比。目前国际上普遍采用的用于描述热泳现象的是 Talbot 方程。

$$v_{\mathrm{th}} = \frac{2C_s C_n(\mu_g / \rho_g)(\alpha + C_t Kn)}{[1 + 2(\alpha + C_t Kn)](1 + 3C_m Kn)}\cdot\frac{1}{T}\cdot\frac{\mathrm{d}T}{\mathrm{d}y} \tag{4-3}$$

式中：C_s——滑移调整因子；

C_n——Cunningham 滑移修正因子，是 Knudsen 数（Kn）的函数；

ρ_g——气体密度，$\mathrm{g/cm}^3$；

μ_g——气体的黏度，Pa·S；

$\alpha=k_g/k_p$——气体与气溶胶的热传导率之比；

C_t——热量调整系数；

C_m——动量调整系数；

dT/dy——墙面的温度梯度。

除了上述去除机制外，还有其他没有被考虑的机制，包括湍流扩散和湍流凝聚等。

4.6.2 安全壳内气溶胶自然去除机制的验证

气溶胶的去除过程能被很好地模拟，并且在许多单因素试验中得到了验证。对于直径小于 50 μm 粒子的沉积速率，Stocks 方程的计算已得到很好的验证。目前分析，所有气溶胶基本上都是由这些粒子形成的。扩散电泳也得到了一些单因素试验的验证，不过最好的验证来自综合实验，如 LACE 试验。只有考虑了扩散电泳，LACE 和其他综合试验的计算才能很好地预测沉积气溶胶物质的总质量。如果被忽略了，与观测到的沉积质量相比，预测的沉积质量约小两个数量级。用于热电泳效果计算的 Talbot 方程，对于大多数尺寸的粒子，其误差为 20%～50%。这一现象的墙壁温度梯度，一种方法可用气体主流体与壁面的温差除以由传热关系式得到的适当长度近似得到。另一种方法，因为向壁面的显热传热率是已知的，用它直接推导温度梯度将更为简单和精确[21]。

国内新研发堆型（以华龙堆型后续改进型为代表）也将考虑取消安全壳喷淋，那么自然去除的作用在事故分析中将提高到很重要的地位，这就需要国内相关核电研发机构进一步开展实验验证和开发相应配套程序，以期在对应的堆型结构和热工水力条件下确切论证自然去除放射性物质的性能，任重道远。

4.7 不可凝气体对非能动安全系统的影响

关于不可凝气体对核电厂能动安全系统的影响，美国 NRC 从 1986 年就开始关注，对此共发布了 20 个信息公告、2 封公开信及多个技术文件。而与能动系统相比，采用自然循环的非能动安全系统更容易受到不可凝气体的影响。系统内不可凝气体的存在对自然循环的影响，一方面是不可凝气体在回路中的聚集可能会影响流动的稳定性甚至阻断流体的自然循环，另一方面是会影响回路中的蒸汽冷凝从而降低自然循环排热的效率。核电厂在设计和建造阶段应采取措施防止不可凝结气体进入非能动安全系统并积聚，从系统设计、布置设计等方面考虑不可凝气体的预防及控制，在运行中考虑针对不可凝结气体积聚的监测和运行管理措施[22]。

在非能动安全系统的设计研发阶段，就应对不可凝气体对非能动运行机理的影响进行研究，国内外为研究不可凝气体对非能动安全系统的影响，开展了很多试验。例如：①为了研究不凝结气体对反应堆安全的影响，在清华核能技术设计研究院 5 MW 热工水力实验台架上研究了汽空间中不凝结气体存在时自然循环两相流稳定性的变化；②CAP1400 的非能动安全系统研发阶段开展了非凝结气体注射与否对非能动堆芯冷却影响研究试验，在冷段 5 cm 破口和热段 5 cm 破口两种事故条件下，安注箱注水即将结束时，隔离其注射管线，防止氮气注入一回路系统，该试验研究没有不凝结气体注射与有不凝结气体的注射工况的差别，研究气体的注射和分布以及对非能动堆芯冷却性能的影响；③“华龙一号”非能动安全壳冷却系统研发阶段开展了含不凝气体的蒸汽冷凝换热特性实验研究，研究了过冷度、混合气体压力和空气含量等参数对传热管壁面冷凝换热的影响。

为防止不可凝气体破坏堆芯的自然循环，在事故工况下排出不可凝气体，我国近阶段新建的核电厂，其系统设计中均设置了 RCS 系统高点排气系统，这些反应堆型号包括部分二代改进型（ACPR1000，如阳江核电厂 5 号、6 号机组，红沿河核电厂 5 号、6 号机组，田湾核电厂 5 号、6 号机组等）、AP1000、“华龙一号”和 VVER。RCS 系统高点排气系统通常设置在压力容器顶盖部位，因此也称为压力容器顶盖排气系统。

为了防止不可凝气体影响非能动堆芯冷却系统的自然循环，AP/CAP 系列的核电厂采取一系列的措施来缓解非能动安全系统中的气体积聚，包括：

1）系统最终设计时审查管道布置和走向图以确定高点排气位置和低点疏水位置。通过评估确定非能动堆芯冷却系统管道中潜在的气体积聚位置、各种电厂运行工况下潜在的气体积聚机理等。

2）根据以上评估结果，在非能动安全系统中设置排放装置，包括下列位置：IRWST 注射管线爆破阀入口管线、堆芯补水箱出口管线、安全壳再循环管线。

3）在几个特定位置（堆芯补水箱入口高点、非能动余热排出热交换器入口高点、IRWST 注射管线爆破阀出口高点）设置仪表设备以监测气体积聚。这些设备指位于高点的带冗余液位仪表的短管气体收集措施，能持续监测和报警。

4）在系统定期监测和排放规程中重点关注以上位置。在技术规格书中对带报警设备的位置有持续监测气体积聚要求和气体积聚后排放气体的动作要求。系统启动和运行规程中也有排放和监测步骤以跟踪和判断气体积聚趋势。

AP1000 设计中考虑到堆芯补水箱（CMT）入口管线气体积聚的可能性，在每根入口管线的高点布置了垂直短管作为气体收集室，每个小室设有两个非安全级的扩散式液位传感器，如图 4-8 所示。传感器能够探测到功率运行时在此聚积的不凝气体，在主控制室报警提醒操纵员在本区域有不凝性气体存在，应手动将这些气体排出。

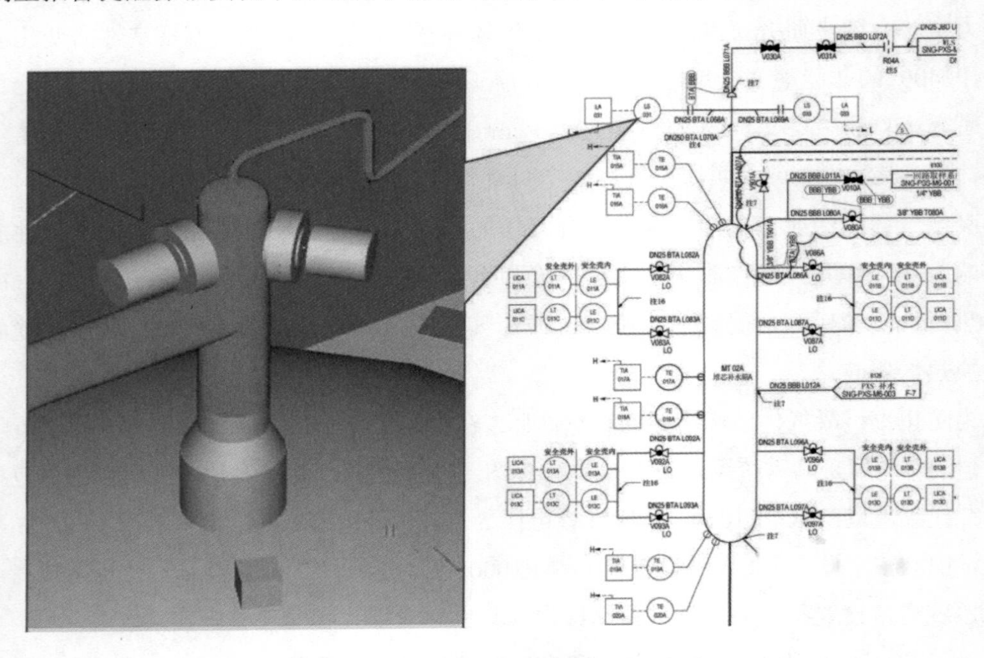

图 4-8　AP1000 堆芯补水箱顶部排气装置

此外，AP1000 依托项目在施工设计过程中提出了多项有关不可凝气体在管道中积聚问题的设计变更建议（DCP），如 DCP2688、DCP4388 等。当核电厂建造完成后，还要对安装好的系统管道进行现场核实，以尽量减少不可凝气体的积聚点。

清华大学建设了 5 MW 低温供热堆，以防止余热排出系统自然循环运行时出现气塞现象。系统所设置的蒸汽发生器及空气冷却器中均设有专门的集气罐及放气阀，以便及时排除系统中的集气。此外，在电动阀旁并联了一个节流孔圈，这样就构成了一个阻力较大的常开环节，当反应堆正常运行时，由于中间回路的循环，此常开环节就形成了一个循环旁路，通过此旁路造成一固定的循环流量，此循环流量的存在可排除系统中的集气。

4.8　系统间相互影响

反应堆系统设计中同时有能动安全系统和非能动安全系统时，它们之间的相互影响也需要重点关注，美国 NRC 与西屋公司在讨论 AP600 设计中，确定了评估潜在的系统间不利的相互作用的要求，应尽量从设计上减少可能的相互影响，或者从规程上加以限制和控制。

AP1000 的设计过程中采用系统化的方法，全面评估了潜在的不利的系统间相互影响[23]。系统间相互影响的类型大体上可分为 4 类：①功能性影响，主要归因于系统之间共用系统设备或存在物理连接，如电气、水、气或机械连接；②人员介入影响，涉及操纵员操作的影响，操纵员采取的措施可能有利，也可能不利；③空间相互影响，包括火灾、水淹、飞射物危害、管道破裂和地震事故，一个设备的故障可能会导致其他设备的失效等；④能动安全系统对非能动安全系统的影响，事故情况下当执行同一功能的能动系统和非能动系统同时运行时，可能会给机组带来不必要的瞬态，如 AP 系列反应堆的能动的二次侧带热和非能动余热排出系统同时运行时，可能导致机组冷却过快。

4.8.1　功能的相互影响

功能的相互影响是指由共用接口产生的系统或子系统之间的相互影响。如果一个系统的操作会影响另一个系统或子系统的性能，则存在功能的相互影响。如果由于系统的动作或未动作，在电厂运行期间或在事故缓解期间对安全相关系统的性能造成负面影响，则称为不利的系统间相互影响。

美国西屋公司开发了一种方法来系统地识别和评估潜在的不利的系统间相互影响，包括识别能动的非安全相关系统和非能动安全相关系统（简称能动-非能动影响）之间的不利影响，以及非能动安全相关系统之间的不利影响（简称非能动-非能动影响），本节主要对美国西屋公司开发的用于评价 AP1000 功能的相互影响的系统性方法进行介绍。

（1）方法介绍

将系统分为“启动系统”和“受影响系统”，系统间不利影响定义为“启动系统”的运行和/或性能对安全相关“受影响系统”在执行安全相关功能时的运行和/或性能产生不利影响。评估系统间相互影响的方法如下。

1）根据 AP1000 的关键安全功能，评估和识别可能受影响的系统或结构，AP1000 的关键安全功能包括：

— 次临界

— 堆芯冷却

— 一回路完整性

— RCS 水装量

— 最终热阱

— 安全壳完整性

2）识别出执行或维持上述这些安全功能的系统、结构或部件，作为潜在的“受影响系统”，包括：

— 堆芯

— 一回路压力边界

— 蒸汽发生器（压力边界）

— 安全壳

— 自动卸压排放系统（ADS）

— 堆芯补水箱（CMT）

— 安注箱（ACC）

— 内置换料水箱（IRWST）

— 安全壳再循环

— 非能动余热排出热交换器（PRHR HX）

— 非能动安全壳冷却系统（PCS）

— 安全壳再循环的 pH 调节

此外，其他系统如主控制室应急居住性系统（VES），也被确定为潜在“受影响系统”。

3）通过上述受影响的系统来确定潜在的“启动系统”，并针对每个潜在的“启动系统”进行系统性的评估。为了便于评估，RCS 被分为以下子系统或部件：

— 反应堆冷却剂泵（RCPs）

— 稳压器加热器（PZR heaters）及喷淋（控制一回路压力）

— ADS 阀门

— 反应堆堆顶排气

4）借助 RCS 和 SGS 管道和仪表图，确定与 RCS 和蒸汽发生器系统（SGS）接口的系统，作为其他潜在的启动系统，包括：

— 化容上充泵

— 化容净化回路

— 化容下泄管线

— 化容加氢管线

— 化容上充控制系统

— RNS 泵

— 一回路取样系统（PSS）

— 废液处理系统（WLS）

— 设备冷却水系统（CCS）

— 蒸汽发生器系统（SGS）

— 主给水泵

— 启动给水泵

— SG 排污管线

5）根据非能动安全系统（包括 PXS、PCS）的 PID 图，识别与其接口的系统，作为潜在的“启动系统”，包括：

— 堆芯补水箱（CMT）

— 安注箱（ACC）

— 内置换料水箱（IRWST）

— 余热排出系统热交换器（PRHR HX）

— 非能动安全壳冷却系统（PCS）

— 乏燃料水池冷却系统（SFS）

— 安全壳再循环

— 安全壳再循环的 pH 调节

6）通过分析安全有关的构筑物（如安全壳、乏燃料水池和主控制室）的接口，确定其他潜在的“启动系统”，包括：

— 安全壳通风冷却器

— 乏燃料水池冷却系统（SFS）

— 核岛非放射性通风系统（VBS）

7）上述“启动系统”和“受影响系统”的识别是评价系统间相互影响的基础，在此工作的基础上形成系统间相互影响评价的矩阵，如表 4-3 和表 4-4 所示。

表 4-3 评价系统间相互影响的矩阵表——能动和非能动的相互影响（一）

启动系统	受影响系统													
	堆芯	RCS 压力边界	SG 压力边界	安全壳边界	ADS（1～3）	ADS（4）	CMT	ACC	IRWST	安全壳再循环	PRHR	PCS	VES	乏池水装量
RCPs	√	×	×	×	×	×	√	×	×	×	√	×	×	×
PZR heaters	×	×	√	×	√	×	√	×	×	×	√	×	×	×
化容上充泵	√	√	√	×	×	×	√	×	×	×	√	×	×	×
化容上充控制系统	√	√	×	×	×	×	√	×	×	×	√	×	×	×
化容下泄管线	√	√	×	√	×	×	×	×	×	×	×	×	×	×
加氢管线	×	×	×	×	×	×	√	×	×	×	√	×	×	×
主给水泵	×	×	√	√	×	×	×	×	×	×	√	×	×	×
启动给水泵	×	×	√	√	×	×	×	×	×	×	√	×	×	×
余热排出泵	×	×	×	×	×	√	√	×	×	√	×	×	×	√
安全壳通风冷却器	×	×	×	√	√	√	×	×	√	√	×	√	×	×
SG 排污管线	×	×	√	×	×	×	×	×	×	×	×	×	×	×
冷却剂疏水箱	×	×	×	×	√	×	×	×	×	×	×	×	×	×
WLS 安全壳地坑泵	×	×	×	√	×	×	×	×	×	√	×	×	×	×
疏水坑	×	×	×	×	×	×	×	×	×	×	√	×	×	×
CCS	×	√	×	×	×	×	×	×	×	×	×	×	×	×
PSS	×	√	×	×	×	×	×	×	×	×	×	×	×	×
SFS	×	×	×	×	×	×	×	×	√	×	×	×	×	×
VBS	×	×	×	×	×	×	×	×	×	×	×	×	√	×

注：“√”代表需要评价，“×”代表判断无不利影响。

表 4-4　评价系统间相互影响的矩阵表——非能动和非能动的相互影响（二）

启动系统	受影响系统										
	CMT	ACC	IRWST	安全壳再循环	PRHR	ADS（1～3）	ADS（4）	PCS	SGS	VES	RCS
CMT	×	√	√	√	√	√	√	√	√	√	√
ACC	×	×	×	×	×	√	√	√	√	√	√
IRWST	×	×	×	×	×	√	√	√	√	√	√
安全壳再循环	×	×	×	×	√	√	√	√	√	√	√
PRHR	×	×	×	×	×	√	√	√	√	√	√
ADS	×	×	×	×	×	×	×	√	√	√	×
RCS	×	×	×	×	×	×	×	√	√	√	√
PCS	×	×	×	×	×	×	×	×	√	√	√
SGS	×	×	×	×	×	×	×	×	×	√	√
VES	×	×	×	×	×	×	×	×	×	×	×

注：“√”代表需要评价，“×”代表判断无不利影响。

8）通过矩阵获得需要评价的系统对象，然后对系统之间的影响进行评价，并确认任何不利的交互作用已经作为核电厂设计过程的一部分被识别、评估和处理。在该过程中重点关注了两种类型的系统相互作用：

①流体间的作用，例如，ADS 排放鼓泡器的蒸汽排放和用于冷却蒸汽的 IRWST 内水的相互作用；

②系统触发的相互影响，例如，CMT 低低液位触发 ADS-4 阀门以及 IRWST 排放隔离阀。

9）在 AP1000 的设计过程中，通过各种手段对系统间相互影响进行了分析和评价，并采取设计措施避免不利的影响，包括：

— 分析、计算和评估在内的详细的设计工作

— 基础研究和试验

— 分离效应试验

— 整体性试验

— 设计基准事故分析

— PRA 成功准则分析

— 支持应急响应指南（ERGs）的分析

（2）评价示例

本书中列举了美国西屋公司针对 AP1000 的系统间影响进行的部分评价工作。

1）反应堆冷却剂泵（RCPs）-堆芯补水箱（CMT）。

如表 4-3 所示，RCPs 对 CMT 的影响属于非能动-非能动的相互影响。RCPs 的运行会影响到 CMT 的性能。CMT 通过直接注射管线（DVI）注入堆芯，并通过冷段平衡线连接到 RCS 冷段，这使得 CMT 能够再循环和/或注入 RCS 以缓解事故。因此，CMT 流量是冷腿中的压力和 DVI 喷嘴出口处的下降段压力的函数。当 RCPs 运行时，下降段中的压力由于冷腿和下降段间的速度变化而增加，导致 DVI 与下降段连接处的压力增加，驱动 CMT 注入的有效压差较小，降低 CMT 的注入流量。当 RCPs 停运时，这个静态头大大降低，DVI 与下降段连接处的压力与冷腿压力大致相同，增加了驱动 CMT 注入的有效压差。AP1000 设计中通过设置安全级的 RCPs 自动跳泵信号，并与 CMT 触发连锁来解决该影响，此外，在能够满足 CMT 终止注入的准则之前闭锁 RCPs 的重新启动。

2）内置换料水箱（IRWST）-非能动安全壳冷却系统（PCS）。

如表 4-3 所示，IRWST 对 PCS 的影响属于非能动-非能动的相互影响。当蒸汽释放到安全壳内时（如 LOCA 或主蒸汽管道断裂事故，或 PRHR HX 或 ADS 触发），PCS 在安全壳压力高时触发。在 ADS 触发或 PRHR HX 触发的情况下，IRWST 的水位和温度决定了释放到安全壳的蒸汽量。蒸汽向安全壳的释放速率决定了 PCS 的触发时间。在非 LOCA 和小 LOCA 事故下，IRWST 对 PCS 触发的影响是比较显著的。对于较大的 LOCA 和安全壳内的主蒸汽管线断裂，上述影响不显著，因为无论 IRWST 条件如何，破口的质能释放会导致安全壳压力迅速上升。蒸汽必须通过 IRWST 排放，因此 IRWST 的结构对排放到安全壳的蒸汽也有一定的影响，IRWST 排放口的设计是为了防止 IRWST 的增压，因此这种相互影响对蒸汽排气过程并不重要。PCS 的运行主要是通过安全壳大气中的蒸汽冷凝来控制安全壳内的压力，这种相互作用会影响安全壳淹没的水的温度，IRWST 的水在 PRHR HIX 或 ADS 加热后达到饱和温度，并影响安全壳壁面回流的温度和一回路的温度。然而，IRWST 和安全壳再循环水温的变化范围相对较小。此外，PCS 的运行也会影响 IRWST 的装量，因为安全壳上的冷凝液可能返回到 IRWST 或安全壳再循环区域，这主要取决于冷凝回流隔离阀的状态。

4.8.2　空间的相互作用

空间的相互作用是邻近区域内存在的两个或多个系统引起的相互作用，考虑包括火灾、水淹、管道破裂、飞射物，以及地震事件等。

安全相关系统应受到保护，避免受到其他系统失效的影响。除了安全相关系统和非安全相关系统之间分开布置外，其中一项提供保护的重要设施是内外部结构墙、地板和辅助厂房的屋顶，以及屏蔽厂房的结构等。

非安全相关系统，包括执行 RTNSS 任务和纵深防御任务的系统，通常不要求对附近系统失效影响进行防护。下文详述了 AP1000 设计中对空间相互作用的特殊考虑。

（1）火灾

应对火灾的关键方法是使用防火屏障（墙、地板、防火门），即在辅助厂房防火分区之间设置防火屏障。安全相关设备的冗余列布置在不同的防火分区内，以便火灾或消防活动的影响不会阻碍停堆或事故缓解能力。安全壳内或辅助厂房内不设置自动灭火系统，以便减少在安全相关系统上消防喷淋引起水淹或水喷淋的负面影响的可能性。容纳安全相关系统的构筑物内不会放置大量的可燃物（柴油燃料和氢气），这也减少了系统间火灾相关的负面作用的可能性。

（2）水淹

安全壳内安全相关系统和部件需布置在最大淹没水位以上，或者设计成被淹没时仍在水下能够执行功能。使用安全壳内储存的水进行安全相关堆芯冷却和安全注入的方法，将可用于淹没安全壳的水量限制在已知的有限量，从而确定采用安全壳内贮存的安全相关堆芯冷却和安全注射所需水量的方法，限制可用水量把安全壳淹没到一个的明确的水位。两个基本的水源用于评价辅助厂房的潜在淹没辅助厂房的水淹评价有两个主要的水源：第一个潜在水源是布置穿过容纳安全相关系统和部件的隔间的管道内水源。在这些区域，排水管、通风口和其他装置可快速将水和蒸汽排出辅助厂房，使安全相关系统和组件免受影响；在这些区域，排水、排气和其他快速把水和蒸汽排出辅助厂房并远离安全相关系统和部件的方式。第二个重要的潜在淹没水源需要评价的是消防用水，通过手持式软水管连接到供水端开展进行灭火，安全壳上方 PXS 水箱可以为这些软管提供足够的体积和水头。消防用水通过排水管、门和楼梯间流到辅助厂房的最低层。AP1000 的设计评价认为可用于消防的水量有限，如果所有的水都滞留在辅助厂房中，结果会导致最低楼层的地板上几英寸的淹没水位。从安全壳顶部的 PXS 水箱引下来的软管内的水，可以提供足够的水量和压头。消防用水流经门下方和楼梯下方的疏排水管道，可到达辅助厂房最低处。消防可用水量是有限的。如果所有水量积聚在辅助厂房，将导致最低处的地板上有好几英尺[①]的水。

（3）管道破裂

安全相关系统会受到保护以防止安全相关和安全无关的高能管道系统的管道破口和断裂产生的动力学效应影响。包括管道拉动甩击、喷射和隔室加压所产生的动力学效应等。中能管道破裂需评价水喷淋打湿和对环境条件的影响。将安全相关管道系统与大多数非安全相关的管道系统进行隔离，以最大限度地减少了安全相关系统和非安全相关系统之间发生不利相互作用的可能性。区分安全相关和大部分安全无关的管道系统，以减少安全相关系统和安全无关系统之间的负面作用发生的可能性。

安全壳内大量的安全相关高能管道具有破前漏的设计特征，这些管线的管道破裂动力学效应可不必评估。安全无关的高能管线部分，制造不执行 ASME 标准，也不具有 LBB 管线的质量。

与安全壳贯穿件相邻连的管道部分属于破裂口排除区。在破裂口排除区的管道，在管道应压力、破裂影响上增加了额外的限制，因此不必评价。排除的例外情况是与主控室相连的蒸汽管线隔间的主蒸汽和给水管道，这个区域的主蒸汽和给水管道按照破关排除区域管道的质保要求，由于主控室功能的重要性，并且考虑到其下部的安全相关蓄电池间在下面，需要评价墙体和地板受到管道断裂、喷射和隔间加压的影响。在汽轮机厂房的高能管道也要评价对主控室的动力学效应影响。

（4）飞射物灾害

通过与飞射物来源隔开的方式，对安全相关系统和部件进行防护，避免潜在飞射物的影响。构筑物结构、系统和部件设计，如果需要，需要应设置防护屏障。飞射物来源可能包括转动部件失效时产生的碎片，包括泵、风扇叶片，承压设备失效，爆炸。由于采用较高的设计要求和建造规范，安全相关部件，不考虑作为可信的飞射物来源。

辅助厂房的外部和内部结构墙、地板和屋顶以及安全壳屏蔽厂房的结构为安全相关系统和设备提供保护，使其免受其他隔间内的潜在飞射物的影响。如果非安全相关设备与安全相关系统和组件位于同一隔间，则非安全设备的建造要求与安全相关设备相似，以防止飞射物的产生，或者应对安全相关设备采取足够的防护措施。辅助厂房的内部、外部结构墙，地板、屋顶，以及屏蔽厂房的结构，提供了应对潜在的不在同一隔间内飞

① 1 英尺≈0.304 8 m。

射物源的防护。与非安全相关设备在同一隔间的安全相关系统和部件，设备制造与安全相关设备的要求类似，因此可以排除飞射物产生，或者布置在一个封闭的构筑物内以包容飞射物。

（5）地震事件

安全相关构筑物、系统和部件设计、分析和建造，是为了承受安全停堆地震的影响，这些构筑物、系统和部件为抗震 I 类，安全无关的结构、系统和部件的失效对抗震一类 SSC 有负面影响的，定为抗震 II 类。

4.8.3　人员干预的相互作用

从潜在人为错误的角度来检查人员干预的相互作用。由于 AP1000 的设计目的是尽量减少对操作行为的依赖来减轻事故，认知相关的操纵员行为被认为是潜在不利相互作用的来源，而不是 AP1000 概率风险评估（PRA）中建模考虑的遗漏错误。

认知相关的操纵员行为错误涉及在处理 PRA 模型中研究的事件序列的决策过程中的人为错误。这些错误可能包括过早启动或停止安全系统，或执行未在事故处理程序中规定的顺序操作。认知相关的操纵员行为错误来源包括：

— 存在目标冲突而无法由程序解决的事故序列；

— 过少或过多信息，误导或者扰乱操纵员判断；

— 程序允许或指引操纵员做出基于知识的决定。

通常情况，这种错误的故障概率很难量化，AP1000 对认知相关的操纵员行为错误导致的不利相互作用进行了定性的评价。

4.9　非能动系统可靠性及不确定性评价

4.9.1　可靠性评价的必要性

在能动系统分析中，通常不研究物理过程的失效，因为能动系统物理过程的运转是由外部能动设备驱动实现的，只要能动设备可持续正常工作，物理过程一般不会发生失效。对于非能动系统的可靠性分析，因为其通常依赖自然驱动力提供动力，如果驱动力不足，则很有可能在没有任何能动部件失效的情况下失效。在非能动系统可靠性分析过程中，由于数据和人们认知水平的限制，关键参数取值及分布和评价非能动系统物理过程的准确性仍有待提高，这会对整体概率安全分析的风险见解产生影响，也是非能动系统可靠性分析的重点及难点。近年来，国内外的核安全监管部门制定的相关法规标准中，明确规定要开展非能动系统可靠性分析。美国 NRC 在新建核电厂概率安全分析审评过程中，明确要求开展敏感性分析工作，以评价非能动系统的可靠性。我国国家核安全局同样也明确了要对非能动系统开展可靠性分析评价：对于非能动系统，应描述在 PSA 中的具体建模情况，可通过敏感性分析进行非能动机理论证，并将相关结论体现在安全评价报告中。

4.9.2 可靠性分析方法

非能动系统具有较高的可靠性，因而缺乏有效的失效数据。近些年，国内外提出了一些定量化研究非能动系统失效概率的理论和方法，但是尚未形成取得一致认可的分析方法。主要包括：Burgazzi 提出了 APSRA 方法，用于印度重水反应堆中依靠自然循环的非能动子系统的安全评估。Aybar 和 Aldemir 提出了动态分析方法，用于具有固有安全性的沸水堆的可靠性评估。这些分析中，都是使用了确定论的最佳估算程序对非能动系统进行模拟，通过蒙特卡洛抽样方法来模拟输入参数和系统边界条件可能存在的波动。清华大学科研人员较早开展了非能动安全系统可靠性评价的研究工作，包括：玉宇、童节娟等对非能动系统可靠性分析方法进行探讨；谢国锋、童节娟等的灵敏度分析方法在非能动系统可靠性研究中得到应用；谢国锋、何旭洪等采用响应面方法计算 HTR-10 余热排出系统物理过程的失效概率；等等[24]。

对于非能动系统设备可靠性与功能可靠性的整合以及如何融合进 PSA 模型，还没有形成一种获得广泛认可的方法。国外基于动态事件树（DET）方法开展了一些相关研究，包括：Cristina Kirchsterger 等提出了 RMPS 方法；L.Burgazzi 提出了 RMPS+方法；美国马里兰大学开发了与 DET 相关的事故动态仿真（ADS）方法；Hofer 等提出了将 DET 与蒙特卡洛仿真结合的 MCDET 方法；等等[25]。国内的相关研究尚处于起步阶段，清华大学、上海交通大学、哈尔滨工程大学等单位对相关问题开展了一系列研究。

结合国内外非能动系统可靠性分析工作的现状，在总结我国已有审评经验和探索实践的基础上，对于非能动安全系统的可靠性分析，有以下初步的共识[26]：

1）在安全分析报告中清晰描述概率安全分析中非能动系统的具体建模情况。

2）确保识别了所有关键的热工水力参数、可能影响非能动系统可靠性和为确定成功准则所引入的不确定性。

3）针对非能动机理开展敏感性分析，例如，热工水力参数的假设包络值对成功准则的影响、改变成功准则对堆芯损坏频率的影响等；敏感性分析结果应表明概率安全分析结果满足定量安全目标，即堆芯损坏频率小于 10^{-5}/堆年，大量放射性释放频率小于 10^{-6}/堆年。

4.9.3 国内相关实践

在 AP1000 依托项目、“华龙一号”及高温气冷堆示范工程等核电项目的 PSA 审评过程中，对非能动安全系统的可靠性分析均予以重点关注。

AP1000 依托项目 PSA 分析中，申请者采用热工水力程序针对不同的事故序列进行大量计算，以评价不确定性的影响。分析得到非能动系统的物理过程失效概率为 10^{-6} 量级，比设备失效概率低 3 个量级，因此可以忽略。

在 CAP1400 示范工程的 PSA 分析中 ADS 第四级爆破阀的失效概率取值为 10^{-3}/d，与核电厂常用的一般阀门的失效概率相当，该值来源于 NUREG/CR-6928。由于爆破阀在传统压水堆核电厂并无广泛应用，相关数据样本较少，可能无法反映爆破阀的真实可靠性水平。但考虑到 NUREG/CR-6928 是目前业界广泛接受并使用的通用数据源，且本项目与 AP1000 依托项目中对应的数据 5.8×10^{-4}/d 相比更加保守。

在高温气冷堆示范工程 PSA 中，系统分析模型中考虑了非能动因素的构模问题。将系统的失效分为设备硬件故障和非能动物理过程失效。其中，硬件失效主要是空冷器、管道等非能动设备的失效，采用通用数据根据系统设计成功准则进行构模；对于非能动物理过程的失效，则采用蒙卡抽样的方法进行评价。分析中的不确定性来源目前只考虑输入参数的不确定性，结合评价结果和业内的相关经验及专家判断，非能动余热排出系统物理过程的失效概率为 1.0×10^{-6}。

4.10 非能动安全系统的设计迭代

4.10.1 AP1000 安全壳冷凝水回流率的改进

在 AP1000 初始设计中，美国西屋公司认为非能动余热排出系统长期冷却过程中 IRWST 蒸发产生的蒸汽冷凝液回流率为 90%。英国 GDA 审查质疑了 IRWST 冷凝液回流率，认为美国西屋公司在假设中使用的 90%回流率是没有坚实基础的，而这将会影响非能动余热排出热交换器（PRHR HX）的换热性能，进而影响设计基准事故的安全分析，促使美国西屋公司经过试验和新的计算报告确定安全壳内的蒸发和冷凝损失。

美国西屋公司的试验和计算分析显示，在 PRHR 长期冷却工况下，IRWST 水会蒸发后进入安全壳，共有 7 个因素影响蒸汽冷凝液返回至 IRWST，它们分别是：①用于加压安全壳的蒸汽；②非能动热阱表面蒸汽冷凝；③安全壳穹顶雨滴和安全壳焊接不平整造成的影响；④环吊梁和加强筋损失；⑤安全壳壁面附板损失；⑥设备闸门和人员闸门损失；⑦非能动堆芯冷却系统（PXS）返回槽损失。根据实际分析，在现有的设计下，12 h 的平均冷凝水回流率仅为 40.2%，72 h 内 48.4%，7 d 内 48.9%，远低于预期水平。

为解决 AP1000 依托项目设计中存在的非 LOCA 事故工况下再循环阶段冷凝水向 IRWST 水池回流率低于预期 90%的问题，美国西屋公司发布了针对安全壳内冷凝水回流率设计变更：

1）对环吊梁、加强筋、人员闸门和设备闸门的返回槽、落水管系统（含滤网）以及滴水板进行设计变更以保证足够的冷凝液回流率。

2）在计算分析中为改善 36 h 后长期安全停堆评价中 PRHR HX 的性能，提出将 PRHR HX 的堵管裕度从原来的 8%降至 5%，并且根据计算结果将非 LOCA 事故工况下 PRHR 长期冷却运行维持安全停堆状态由无限期修改为至少 14 d。

3）针对环吊梁箱体内部的冷凝液积存和滞留，目前的设计中没有考虑收集这部分冷凝液，通过设计变更来考虑收集这部分冷凝液：对环吊梁箱体进行水密封处理；箱体之间留孔使冷凝液能够连通；增加 4 根 1 英寸[①]管道从环吊梁底部引出，与落水管相连。

4.10.2 AP 系列核电厂 PCS 导流板的优化

AP 系列核电厂 PCS 空气流道由位于钢制安全壳和屏蔽厂房之间的空气导流板分隔而成，用来形成沿安全壳外表面向上的自然循环气流，增强安全壳外表面的水蒸发从而降低安全壳的压力。空气流道包括百叶窗、空气入口、外环腔（下降段）、导向叶片、内环腔（上升段）、排气段（烟囱）等。空气通过百叶窗，流过空气入口，向下旋转 90°进入外环腔，向下运动的气流旋转 180°，向上进入内环腔。空气在内环腔向上流动到安全壳上方，然后从排气段排出。

空气流道外环腔（下降段）的外侧是屏蔽厂房，内侧是可拆卸的空气导流板。内环

① 1 英寸≈0.025 4 m。

腔（上升段）的外侧是空气导流板，内侧是钢制安全壳。排气段高于空气入口，从而提供附加的浮力并减小空气逆流的可能性。空气流道结构见图 4-9。

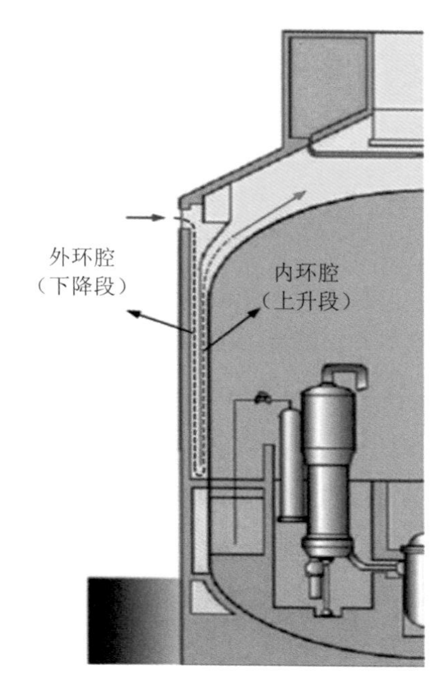

图 4-9　PCS 空气流道结构示意图

空气导流板虽然已成功应用于 AP1000 依托项目，但导流板设计存在建造周期较长、安装运维便利性不足、设备造价较高等问题，主要表现为以下方面：

1）根据 AP1000 依托项目机组建设经验反馈，在完成安全壳打压试验后，PCS 水膜覆盖率试验、空气导流板安装将与电厂热态功能试验并行开展。其中空气导流板安装周期较长，需要 93～128 d，是建造阶段的关键路径。

2）根据设计要求，电厂运行以后需定期执行安全壳水膜覆盖率试验和安全壳在役检查，必须对空气导流板进行局部拆除作业。由于设备拆除和复位操作复杂，施工难度较大。

3）空气导流板具有特殊构造，设备造价成本较高。

在美国 Vogtle 核电站 3 号机组的建设过程中，美国西屋公司于 2017 年向业主提交了减小空气导流板覆盖面积的整体工作计划。该计划分为 3 个阶段：第一阶段开展比例分析和取消部分导流板后的空气冷却试验和蒸发冷却试验，以及全尺度屏蔽厂房结构热力边界试验；第二阶段开展取消全部导流板后的空气冷却试验和蒸发冷却试验；第三阶段向 NRC 提交取证文件，并在工程中落实减少空气导流板的设计方案。

NRC 公开的资料提供了美国西屋公司的初步结论：当非能动安全壳冷却水箱（PCCWST）作为乏燃料池的备用水源时，PCS 依靠辐射换热和空气对流换热带出安全壳内衰变热。其中辐射换热量要大于空气对流传热量。美国西屋公司进一步提出，将屏蔽厂房结构作为热阱考虑，可以提升辐射换热对安全壳冷却的贡献；减少部分或全部导流板可以强化湍流空气换热，确保空气对流不被削弱。

参考文献

[1] 国家核安全局. 核动力厂设计安全规定：HAF 102—2016[S]. 北京：国家核安全局，2016.

[2] Westinghouse Electric Company. AP1000 PIRT and scaling assessment report（non-proprietary）：WCAP-15706，revision 0[R]. USA：Westinghouse Electric Company，2001.

[3] 三门核电有限公司. 三门核电一期工程 1、2 号机组最终安全分析报告（[R]. 2012.

[4] 上海核工程研究设计院. AP600/AP1000 试验对 CAP1400 的适用性评价[R]. Rev.A，2013.

[5] 国核示范电站有限责任公司. 国核压水堆示范工程最终安全分析报告[R]. Rev.1，2023.

[6] 邢继，孙中宁，等."华龙一号"非能动安全壳热量导出系统研究[J]. 哈尔滨工程大学学报，2023，44（7）：1089-1095.

[7] 郗昭，谢峰，宫厚军，等. 二次侧非能动余热排出系统特性参数影响因素实验研究[J]. 核动力工程，2017，38（6）：5-8.

[8] 徐海岩，吴小航，卢冬华，等. 二次侧非能动余热排出系统传热能力试验研究[J]. 原子能科学技术，2018，52（3）：447-452.

[9] 邱凤翔，马中杰，刘加合，等. AP1000 非能动安全系统调试与核安全法规适应性分析[J]. 核动力工程，2016，37（3）：110-115.

[10] 国家核安全局. 核动力厂确定论安全分析[S]. 北京：国家核安全局，2021.

[11] U.S.NRC.SECY-93-087，Policy，technical，and licensing issues pertaining to evolutionary and advanced light-water reactor ALWR designs[R].Washington，DC：U.S.NRC，1993.

[12] U.S.NRC.SECY-94-084，Policy and technical issues associated with the regulatory treatment of nonsafety systems in passive plant designs [R].Washington，DC：U.S. NRC，1994.

[13] U.S.NRC，SECY-95-132，Policy and technical issues associated with the regulatory treatment of nonsafety systems（RTNSS）in passive plant designs[R].Washington，DC：U.S.NRC，1995.

[14] EPRI.Advanced light water reactor（ALWR）utility requirements document for passive

plants[R].Washington，DC：EPRI，1999.

[15] 国家核安全局. CAP 系列核电厂安全审评原则[S]. 北京：国家核安全局，2023.

[16] Westinghouse Electric Company. AP600 implementation of regulatory treatment of nonsafety- related systems process：WCAP-13856，Rev.0[R]. U.S. WEC，1993.

[17] 刘宇，崔贺锋，庞宗柱，等. 非能动核电厂非安全系统实施监管时的若干问题[J].核安全，2018，17（2）：18-25.

[18] 国家核安全局. CAP1400 示范工程若干审评问题的技术见解[R]. 北京：国家核安全局，2014.

[19] U.S.NRC.SECY-77-439，Single failure criterion[R]. Washington DC：U.S .NRC，1995.

[20] Westinghouse Electric Company. APP-PXS-M3-001，Rev.7，passive core cooling system，system specification document[R]. U.S. WEC，2015.

[21] 赵丹妮，刘乐，杨鹏，等.美国核电厂不凝气体管理问题研究现状与进展[J].核安全，2014，13（4）：45-50.

[22] Westinghouse Electric Company. WCAP-15992，Rev.1，AP1000 adverse system interactions evaluation report[R]. U.S. WEC，2003.

[23] 崔成鑫，黄挺，陈炼. 非能动系统可靠性评价方法综述[J]. 核科学与工程，2018，38（6）：1040-1046.

[24] 郭海宽，赵新文，蔡琦，等. 非能动系统可靠性评价方法的研究[J]. 核科学与工程，2017，37（5）：704-720.

[25] 生态环境部核与辐射安全中心. NSC-GD-136—2021. 核电厂非能动系统可靠性分析原则[R]. 2021.

第5章 非能动安全系统的调试和运行

5.1　非能动安全系统的调试

5.1.1　AP1000 主要非能动安全系统的调试

AP1000 堆型的主要特点是采用非能动安全系统设计，由 PXS、PCS、主控室应急可居留系统（VES）、安全壳氢气控制系统（VLS）等组成。本节主要对 AP1000 依托项目相关非能动安全系统的调试情况进行总结和介绍。

5.1.1.1　PCS 系统调试试验

（1）PCS 主要的调试项目

AP1000 的 PCS 主要设备包括钢制安全壳、空气导流板、与安全壳屏蔽厂房连成一体的冷却水箱、冷却水分配装置及相关仪表管道与阀门等。PCS 相关设备尺寸大，工程现场很难具备有效开展排热能力试验的条件。美国西屋电气通过 WGOTHIC 模型对 PCS 排热能力进行分析。WGOTHIC 模型有一个重要参数输入，即 PCS 空气流阻，作为该模型的输入，也是安全分析的输入，因而 PCS 相关试验难点在于 PCS 空气流阻的获取。PCS 的现场试验在冷态功能试验阶段实施，其试验分为两个阶段，具体试验内容见表 5-1[1]。

表 5-1　PCS 的现场调试试验内容

试验名称	试验内容	阶段
PCS 预运行试验阶段 1	仪表通道试验、远程操作阀门试验、非能动安全壳冷却系统再循环泵断路器试验、再循环泵断路器在远程停堆工作站控制试验、再循环泵性能试验、再循环泵并联运行试验、防结冰设备的功能验证试验等	冷态试验
PCS 预运行试验阶段 2	非能动安全壳冷却水箱疏水立管流量、验证安全壳冷却分水斗和围堰功能、PCS 72 h 满流量试验、储水箱补给供应试验、钢制安全壳水膜覆盖率试验、PCS 空气流阻试验等	冷态试验

非能动安全壳冷却系统的调试内容包括设备单体试验、逻辑联锁试验、仪控报警试验、PCCWST 初次充水检查、系统冲洗等，以及 PCS 系统预运行试验。在预运行试验期间，系统需进行以下试验：

— PCS 再循环泵性能试验；

— PCS 安全相关环廊疏水孔流量试验；

— 空气流道辐射加热器试验；

— 流道试验；

— PCS 72 h 流量试验；

— 水膜覆盖率试验。

（2）PCS 空气流阻试验

PCS 相关设备尺寸大，工程现场很难具备有效开展排热能力试验的条件。美国西屋公司运用 WGOTHIC 模型对 PCS 排热能力进行分析。完整的 WGOTHIC 模型包括控制容积参数、流道参数、热构件参数、传热系数类型参数、CLIME 模型参数、材料类型参数、边界条件、初始条件和程序控制参数，各参数互相配合构成有机的整体，形成了完整的安全壳分析模型。WGOTHIC 模型有一个重要参数输入，即 PCS 空气流阻。

AP1000 执照申请文件要求是在调试期间，通过测量从屏蔽厂房入口区域到出口区域（沿流道及一周设多个测点）的风致驱动压头，验证非能动安全壳冷却空气流道的阻力，试验采用临时仪表。原计划进行的机械驱动压头的具体试验方法如下：采用 16 台变频风机在空气流道出口进行排风，建立空气流动，在风机 100%/90%/80%/70%/60% 5 个转速平台上分别试验，通过对采集的数据进行计算，得出空气流道压降和流速的关系，计算空气流道的阻力系数。鉴于执行现场试验的难度、测量参数的不确定性，以及事故分析结果对空气流道阻力的变化不敏感，美国西屋公司提出用比例试验和 CFD 分析来代替现场实施流阻试验的建议，并于 2015 年 4 月发布了 AP1000 非能动安全壳冷却系统空气流阻试验设计变更[3]，三门核电厂向国家核安全局提交了有关设计变更申请及相关的支持性分析论证材料。同时委托上海核工程研究设计院进行评估，基本认可该设计变更的整体思路和方法[4]。国家核安全局组织核与辐射安全中心对该设计变更进行了审评，认为：鉴于现场试验的执行难度和测量参数的不确定性，以及 PCS 空气流道阻力系数变化对事故分析结果影响较小（阻力系数在基准值至+100%的变化范围内，事故后仍然能够保证安全壳的完整性），取消现场试验的理由是充分的。同时，CFD 分析方法作为一种常见的流体动力学计算分析手段，在流体系统分析中有着广泛的应用。美国西屋公司将空气流道阻力试验（RAFT 试验）结果与相应的 CFD 模型计算结果进行了比对，验证了 CFD 方法在 PCS 系统流道阻力计算上的适用性，且提供了比较充分的论证说明材料（包括 DCP5000 在美国西屋内经过了若干技术同行评审，拥有独立审查的相关会议纪要）。因此，最终接受了申请者提出的用比例试验和 CFD 分析来替代现场实施的流阻试验的方法[5]。

（3）PCS 调试中的不符合项及处理情况

三门核电厂 1 号、2 号机组在执行 PCS 系统 72 h 流量试验过程中，除了第 72 h 的流量不满足验收准则外，其他均满足试验要求。1 号机组测得第 72 h 流量为 22.57 m^3/h，2 号机试验测得流量为 22.32 m^3/h，低于第 72 h 流量的验收准则（22.87 m^3/h）。针对以上偏差，美国西屋公司考虑仪表不确定度后，将 72 h 试验数据作为 72 h WGOTHIC 安全壳敏感性计算的输入进行计算分析。其结论为：不影响安全壳峰值压力和温度值，也不影响设备鉴定条件，因此非能动安全壳冷却系统的总体性能是可接受的。由于 PCCWST 排放初期试验流量比原安全分析的流量更大，非能动安全壳冷却系统在两天内其性能更好，且比原安全分析降低了安全壳峰值压力。美国西屋公司给出了最终处理意见[6]：认为已完工的非能动安全壳冷却系统可以照用，已完工的非能动安全壳冷却系统的性能满足设计基准事故安全分析安全壳压力和温度的要求。

5.1.1.2　PXS 系统调试试验

（1）PXS 主要的调试项目

对于非能动应急堆芯冷却系统的调试，强调其能够在事故发生后保证其可靠启动，向堆芯注入一定压力和流量的含硼水，以满足堆芯冷却和反应性控制的要求。AP1000 堆芯冷却系统采用非能动设计，减少了大量能动设备的调试试验。AP1000 的 PXS 主要的调试试验内容见表 5-2。鉴于 AP1000 的非能动安注系统与能动的安注系统的区别，AP1000 相关试验侧重于其非能动余热排出系统（PRHR）能否实现、自然循环能否建立。CMT 安注的驱动力在于 CMT 和 RCS 的位差和温度差以及安注管道的流阻，只要保障驱动力和阻力在规定范围内，即可保证安注流量。这些试验能够充分验证事故后系统向堆芯提供一定压力的流量，保证反应堆冷却和反应性控制的要求。热态工况下的 PRHR 自然循环试验验证 PXS 排热能力，进一步在机组满功率后的 PRHR 换热器自然循环试验验证 PXS 能带走堆芯的衰变热。

PXS 系统调试包括设备单体调试、逻辑联锁验证、报警验证等基础试验，以及冷态调试阶段的流道试验和热态阶段的性能试验。

冷态调试阶段主要进行流阻、流道验证试验以验证管道流阻与设计的一致性。包括：

— 安注箱注入管线流阻试验；

— 堆芯补水箱注入管线流阻试验；

— 内置换料水箱注入管线流阻试验；

— 安全壳再循环管线流阻试验；

— 堆芯补水箱入口管线流阻试验；
— ADS 第 1、2、3 级卸压管线流阻试验；
— 压力容器顶盖排气管线流阻试验；
— ADS 第 4 级管线流阻试验；
— 落水管流道试验。

表 5-2 AP1000 的 PXS 主要的调试试验内容

序号	试验名称	试验内容	阶段
1	PXS 预运行试验	安全壳隔离阀隔离功能、气动阀操作与控制、电动阀操作与控制、爆破阀控制、电磁阀操作与控制、泄压阀整定值、逆止阀和手动阀功能	冷态
2	PXS 流阻预运行试验	IRWST 到安全壳再循环地坑间流阻、安全壳再循环地坑至堆芯直接注入管线（DVI）注入管嘴间流阻、IRWST 到 DVI 流阻、CMT 到 DVI 流阻、安注箱到 DVI 流阻、IRWST 输水槽流道验证、CMT 注入期间启动 IRWST 注入 RNS 提供压头	
3	PXS 装料前流阻预运行试验（顶盖就位）	进一步测量下列管线的流阻：CMT 冷端平衡管线，ADS 1、2、3 级卸压管线，ADS 第 4 级环路流阻，验证 RNS 运行时安注箱逆止阀的功能，标定安注箱疏水孔板，标定 CMT 排气孔板	
4	PXS 热态功能试验	PRH 和 CMT 备用温度试验、PRHR 热交换器（HX）排热性能试验、CMT 再循环试验、CMT 再循环试验之后 RCS 的系统恢复、CMT 疏排试验、IRWST 疏排试验	热态
5	PXS 自动卸压系统装料前热态功能试验	验证 ADS 第 1、2、3 级可运行性，同时验证装在 IRWST 中的鼓泡器的负荷限制能力	
6	自然循环试验	验证 PXS 建立自然循环的能力以及排热能力	热态及功率提升

热态阶段，PXS 系统通过下列试验进一步验证其综合性能。

— PRHR HX 自然循环导热能力试验；
— PRHR HX 强迫循环导热能力试验；
— IRWST 水箱温升试验（首堆试验）；
— CMT 再循环试验（首三堆试验）；
— CMT 排空试验（首三堆试验）；
— 自动卸压系统排放试验（首三堆试验）。

（2）PXS 调试中的不符合项及处理

三门核电厂 1 号机组执行非能动堆芯冷却系统流道预运行试验程序期间，发现堆芯补水箱（CMT）A/B、安注箱（ACC）A/B、安全壳内置换料水箱等流道流阻系数偏大。针对 IRWST 流道流阻偏大问题，对 PXS 堆芯补水箱、安注箱、IRWST 水箱、非能动余热排出热交换器，以及自动泄压子系统第 1、2、3、4 级试验范围内的管线三通阀进行了测厚，总计 44 个三通阀中有 13 个三通阀厚度明显偏大，导致流阻过大。设计方美国西屋公司发布了三通阀更换变更文件，更换了 13 个三通阀，包括 CMT 入口和出口的 4 个三通阀，安注箱出口的 2 个三通以及 IRWST 注入管线上的 7 个三通阀。更换完成后，上述流道试验现场重新执行，试验结果满足设计要求。针对堆芯 CMT A/B、ACC A/B 流道流阻偏大问题，现场对 CMT、ACC 孔板进行了扩孔并进行了试验验证，流阻满足要求。2 号机组根据 1 号机组的情况进行了经验反馈，试验一次合格。

1 号机组 IRWST 流道试验中安全壳再循环 B 列流道阻力试验结果略高于验收准则，不满足要求。美国西屋公司评估认为安全壳再循环管线流阻仅用于堆芯长期冷却安全分析输入，并进行了流阻在当前验收准则上增加 5%的敏感性分析，流阻即使增加 5%仍能满足安全分析要求。实际试验结果仅比验收准则大 0.8%，因此认为能满足安全分析要求。

1 号机环吊梁、安全壳加强肋和 IRWST 回流槽疏水能力试验首次执行完成，试验时安全壳内置换料水箱内处于空水状态，试验结果满足验收准则要求。之后美国西屋公司发布设计变更要求，在 IRWST 充水到溢流液位下 1 英尺重新执行落水管试验，以确认单根落水管流量在不低于 120 gpm 时，环吊梁、加强肋和回流槽没有溢流。重新执行试验时发现 ADS 1、2、3 级侧和 PRHR HX 侧集水箱分别在约 75 gpm 和 72 gpm 时发生溢流，不满足要求。针对该偏差，美国西屋公司发布了现场偏差报告，评估使用以上溢流数据作为安全分析假设输入对 PRHR HX 和 DBA 长期冷却工况进行分析，显示仍满足安全分析要求，因此原样接受。虽然美国西屋公司原样接受，但是三门核电一期工程委托国内设计院对落水管进行了技术改造，分别在两列落水管上增加了 3 个高点排气管线。实体变更完成后，于 2017 年 7 月重新执行试验，疏水能力达到了设计方在设计文件中的期望。2 号机组的情况和处理与 1 号机组相同。

1 号机组热试期间，主泵转速在 100%运行时，调试人员发现自动卸压子系统（ADS）第 4 级 B、D 列管道振动明显。分析原因为流体经过 ADS 第 4 级 B、D 列管嘴时漩涡脱落产生流体激励（压力波），同时由于漩涡脱落频率与流体声共振频率相同，压力波被放大，激发管道振动。三门现场按照设计方美国西屋公司的分析和意见，对 ADS 第 4

级管嘴实施了前缘不打磨、后缘打磨至 5 英寸的方案。另外也在 D 列管道上增加了 1 个支撑。在补充热试期间，现场对 ADS 第 4 级管嘴打磨后的管道振动情况进行监测表明，各个温度平台主泵 88%、100%转速稳态情况下的振动都低于限值，但在主泵 100%转速、一回路从 274℃升温到 292℃的过程中，短时间内出现了振动超过限值的瞬态，降温也有相同情况。因此为避免该种瞬态，对运行规程进行了优化，在机组升降温过程中，一回路温度在 292℃以下时，主泵保持 88%或以下转速运行。2 号机组根据 1 号机组的情况进行了经验反馈，也执行了上述变更，未发生 ADS 第 4 级管道振动超标问题。

5.1.1.3 VES 系统调试试验

AP1000 的 VES 系统（关于系统的介绍见本书第 4 章）用于在事故后通过非能动的方式在事故发生 72 h 内为控制电厂的操纵员提供一个防护的环境，包括：①在设计基准事故情况下，为主控室人员提供呼吸用的清洁空气；②保持主控室相对于周围区域有一个微正压，防止受气载放射性污染的空气进入主控室；③在设计基准事故后，利用构筑物的热容量，主控室、1E 级仪控设备间和 1E 级直流设备间提供非能动冷却；④在 VES 运行时，对 MCR 的空气提供非能动循环过滤，维持 MCR 放射性低于可接受水平。

AP1000 核电厂正常工况下主控室通风由 VBS 系统提供，VES 仅在应急工况下投入使用。以下任一条件触发 VES 投运：①VBS 主控室供气管道放射性活度“高-高”；②失去交流电源超过 10 min；③主控制室 10 min 内压差低；④操纵员手动触发。

VES 系统的调试试验主要包括：

1）主控室热负荷试验，包括试验准备照明灯泡、16 支热电偶、16 通道数据采集系统；试验方法为实测 6 h 温度数据，模型分析热负荷、72 h 温度曲线；验收准则为 VES 运行条件下，72 h 内主控室温度升小于 8.3℃（15℉）。

2）主控室空气质量试验，试验准备 3 台 CO_2 分析仪；试验方法为实测 6 h 空气质量数据，通过模型分析 72 h 空气质量；验收准则为 11 人情况下，72 h 内主控室 CO_2 浓度不超过 0.5%，相对湿度在 20%～65%。

3）主控室非能动空气流量试验，试验准备系统流量仪表、趋势画面；试验方法为实测 6 h 空气流量数据取均值；验收准则为供气管线流量（110.44±8.495）m^3/h[（65±5）cfm]，非能动循环管线流量比供气管线至少大 1 019.406 m^3/h（600 cfm），并保证主控室区域相对于周边区域维持至少 1/8 英寸水柱（31.1 Pa）的正压。

4）主控室噪声水平试验，试验准备 5 台支持数据采集的噪声测量仪；试验方法为实测 6 h 噪声数据，剔除可解释的异常值，取测量最大值与进行限值比较；验收准则为

VES 运行期间主控室噪声水平低于 65 dB（A）。

5.1.2　“华龙一号”非能动安全系统的调试

5.1.2.1　二次侧非能动余热排出系统调试

针对“华龙一号”的二次侧非能动余热排出系统，福清核电厂 5 号机组的“二次侧非能动余热排出系统（PRS）换热能力验证试验”和防城港核电厂 3 号机组的“二次侧非能动余热排出热态功能试验”分别为中核“华龙一号”和广核“华龙一号”的首堆调试试验，在一回路强迫循环条件下，验证二次侧非能动余热排出系统的导热能力满足要求。

福清核电厂 5 号机组的二次侧非能动余热排出系统主要是在全厂断电事故等超设计基准事故下导出堆芯余热，在发生全厂断电事故且辅助给水系统汽动泵系列失效工况下，系统投入运行，在不超过冷却剂系统压力边界设计条件的前提下，通过蒸汽发生器导出堆芯余热及反应堆冷却剂系统各设备的储热，在 72 h 内将反应堆维持在安全状态。PRS 系统设置 3 个余热排出系列，分别对应 3 个环路中的 3 台蒸汽发生器，每个系列的设计热负荷为反应堆额定功率的 0.5%，即 15.3 MW[7]。

针对中核“华龙一号”，在福清核电厂 5 号机组开展了 PRS 系统换热能力验证试验，具体是在热态性能试验期间在热停堆工况执行，试验通过手动启动 PRS 系统，通过测量 PRS 系统换热能力计算所需参数，以此验证 PRS 系统的换热能力。

通过调试实际的试验数据和试验条件，对验收准则进行了修正计算，结合不确定度后修正得到的换热器实际换热能力高于修正后的验收准则，PRS 系统换热能力满足设计要求，如图 5-1 所示。

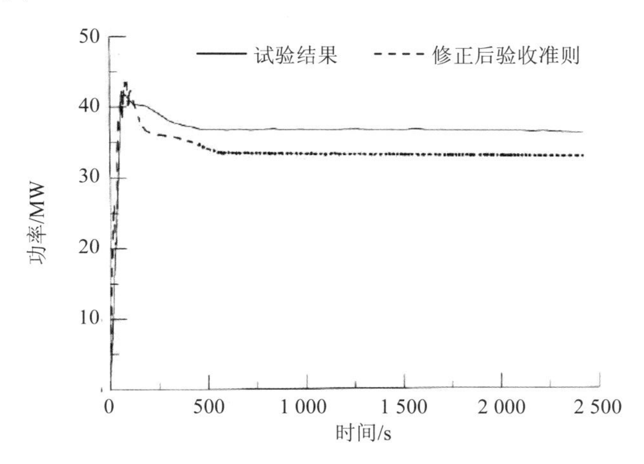

图 5-1　PRS 系统实际换热能力和修正后验收准则曲线

防城港核电厂 3 号机组的二次侧非能动余热排出热态功能试验，在热停平台选取 C 列二次侧非能动余热排出系统（ASP），通过模拟 ASP 启动信号触发该列 ASP 启动，验证 ASP 系统的导热能力满足要求（一回路平均温度降低曲线和试验列 SG 压力降低曲线均低于对应的验收曲线），如图 5-2 所示。

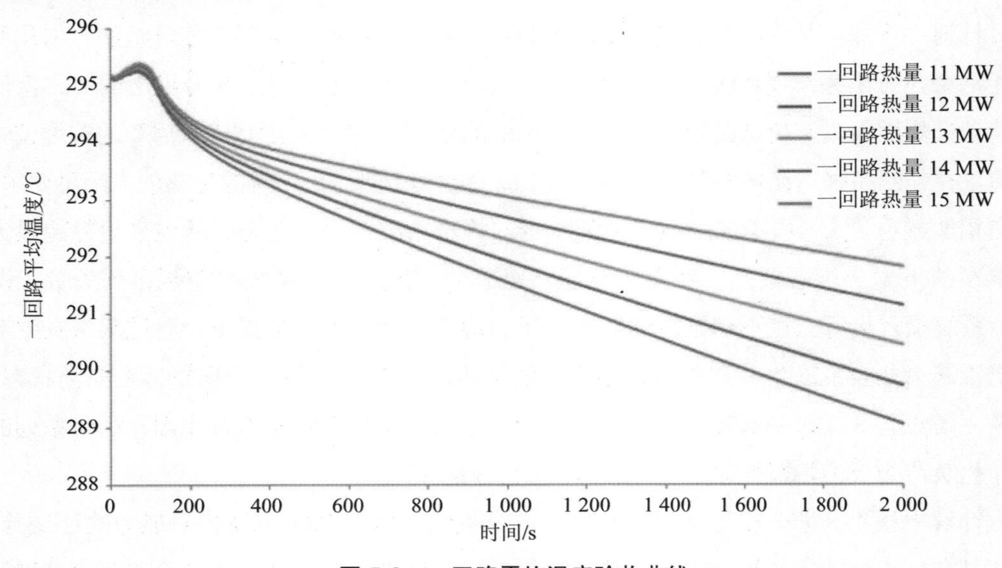

图 5-2　一回路平均温度验收曲线

试验结果分析时，在系统运行稳定后（ASP 投运且 GCT 闭锁 5 min 后），测量得到的一回路平均温度降低曲线和试验列 SG 压力降低曲线应低于试验工况对应的验收曲线。如果试验曲线未低于对应的验收曲线，但与验收曲线有交点，试验结果也满足要求；当试验曲线与验收曲线没有交点时，如果一回路平均温度的降低速率和试验列 SG 压力的降低速率大于验收曲线的下降速率，试验结果仍满足要求。

5.1.2.2　非能动堆腔注水系统调试

针对非能动堆腔注水系统，调试主要验证非能动堆腔注水流量满足要求。

福清核电厂 5 号机组在堆腔注水冷却系统（CIS）调试大纲中设置了非能动堆腔注水流量验证试验，以验证非能动堆腔注水箱的注入功能。

堆腔注水冷却系统设置了能动注入和非能动注入两部分，只有在严重事故发生，且 CIS 能动注入部分不可用的情况下，安全壳内非能动堆腔注水箱内的水能够依靠重力注入堆腔中压力容器保温层内，淹没反应堆压力容器下封头到一定高度，并补偿堆腔内水的蒸发量，以“非能动”的方式实现反应堆压力容器的冷却。在非能动系列运行期间，也积极采取措施解决能动注入系列的故障，使其能够尽快投入运行。

非能动堆腔注水箱的水装量应能够满足在非能动系列投入时对反应堆压力容器外壁进行一定时间的淹没和冷却。水箱可收集来自 PCS 换热器的冷凝水为水箱提供非能动补水，还可以通过核岛除盐水系统和核岛消防系统进行补水，也可以通过厂房外的临时补水接口由消防车及移动水源进行补水，在考虑此补水的情况下，可以持续对压力容器进行冷却。

CIS 非能动部分注入量与反应堆停堆后堆芯余热与时间变化有关。对于非能动 CIS 设计，没有明确的注水时间要求，为尽量延长非能动系列的自主注水时间，应控制注水量在高于冷却需求最小水量的前提下尽量与需水量匹配。

对于防城港核电厂 3 号机组，在非能动堆坑注水调试试验期间，现场无法真实向堆坑注水，排水背压为大气压，无法模拟真实注水时堆坑液位上涨产生的背压，排水标高也与真实堆坑注水工况不同，因此需要进行流量的转换计算，以确定试验工况下的非能动堆坑注水流量验收准则。

非能动堆坑注水大流量工况验收准则：在严重事故工况下，要求大流量注水阶段（约半小时）将堆坑注满。经过流量转换计算并考虑现场临时排水管线阻力系数后，试验工况下非能动堆坑注水大流量验收准则为：在初始水位（8.122±0.01）m，排水标高−2.3 m 时，堆坑注水 30 min 后，IVR 液位降低值不低于验收准则中对应临时管线阻力系数下的准则值。

非能动堆坑注水小流量工况验收准则：在严重事故工况下，为满足安全要求，非能动注水时间应至少持续 6 h，理想情况下应持续 10 h，且注水流量应满足设计要求。经过流量转换计算后，试验工况下非能动堆坑注水小流量验收准则为：在 IVR 水箱初始液位为 5.8～6 m 时开始非能动堆坑注水小流量工况试验，试验时长至少 2 h，计算得到的非能动堆坑注水小流量工况阻力系数 K，应在给定的范围内。

5.2　非能动安全系统的定期试验

5.2.1　AP1000 依托项目非能动安全系统定期试验整体情况

（1）系统级定期试验

AP1000 的 PCS/PXS 在役系统级可运行性试验范围、试验方法、准则等信息可归纳为：

1）PCS 流量和水覆盖率试验。首次大修和每 10 年执行。安全壳喷淋启动后，在 PCCWST 到达相应液位时，测量钢制安全壳起拱线代表位置水膜覆盖率（每间隔 90°选一块钢板，共测量 4 块钢板处水膜线覆盖率），并记录对应的 PCCWST 喷淋流量。

2）ACC、CMT、IRWST 注入管线流阻。每 10 年执行。建立 ACC、CMT、IRWST 向压力容器注入，测量数据，计算管线的阻力系数。

3）安全壳再循环管道检查。每 10 年执行。检查安全壳再循环管道，排除引起阻力变化的因素（电厂正常配置下，安全壳再循环管道没有条件建立流量）。

4）PRHR HX 导热性能试验。每 10 年执行。PRHR HX 投入一回路冷却，采集相关数据，检验 PRHR HX 导热性能。

（2）爆破阀定期试验

爆破阀是非能动堆芯冷却系统（PXS）和反应堆冷却剂系统（RCS）子系统自动泄压系统（ADS）重要阀门。根据 ASME OM CODE ISTC-5260 章节要求，爆破阀在役试验项目及频度包含以下 4 类：

1）药筒组件试验：至少每 2 年，按每种规格选取 20%爆破阀进行药筒组件试验。

2）目视检查：至少每 2 年对所有爆破阀进行一次外部和内部目视检查。

3）解体检查：至少每 2 年，每种尺寸爆破阀选取一台进行解体检查，且在 10 年内完成所有爆破阀的检查。

4）电气回路试验：至少每 2 年对药筒组件试验中选取进行药筒试验的爆破阀进行电气回路试验。

爆破阀位于安全壳厂房内部且正常运行期间需确保每台爆破阀可用，因此上述试验均安排在机组大修期间执行。根据 AP1000 依托项目历次大修执行情况，药筒组件试验、目视检查、电气回路试验均为非侵入式常规检查和试验工作，安全风险可控，执行过程风险及隐患较小，这 3 项试验未对电厂大修和设备安全造成挑战。但是根据当前确定的爆破阀解体检查在役试验方案和执行方法，解体检查工作属于侵入式检修工作，其工作风险等级较高、安全隐患大且工序步骤复杂，在短大修期间也可能占用关键路径。因此，爆破阀解体检查在役试验工作属于 AP1000 电厂大修的难题，将在本书的 5.2.2 节详细介绍。

5.2.2　AP1000 非能动安全系统定期试验的难点

5.2.2.1　爆破阀在役检查解体试验

爆破阀是非能动堆芯冷却系统和反应堆冷却剂系统子系统自动泄压系统重要阀门。单机组的爆破阀共有 12 台，根据其功能划分，可以分为 ADS 系统第 4 级自动卸压爆破阀（单机组 4 台）、低压安注爆破阀（单机组 4 台）和安全壳再循环回路爆破阀（单机组 4 台）；按照口径可以划分为 8 英寸（8 台）和 14 英寸（4 台）两种类型，其中 ADS 系统第四级自动卸压爆破阀为 14 英寸，其余爆破阀为 8 英寸；8 英寸爆破阀又根据其设计规范书的不同分为低压爆破阀和高压爆破阀，高压爆破阀的剪切盖厚度较低压爆破阀要厚很多，使其在高压工况下的可靠性更好。

根据 ASME OM 规范 ISTC-5260 要求，爆破阀在役试验包括解体检查：至少每 2 年，每种尺寸爆破阀选取一台进行解体检查，且在 10 年内完成所有爆破阀的检查。目前，三门核电厂和海阳核电厂均采用了最为保守的全解体方式进行爆破阀的检查：将 8 寸爆破阀从管道上拆除后进行完全解体检查；14 寸爆破阀在管道上进行全部解体。根据三门核电厂和海阳核电厂 4 台机组已开展的多个大修活动的实施情况反馈，该检查方式可能对爆破阀的可靠性会产生负面影响，也给工作人员增加一定的辐照风险[8]，主要包括以下 6 个方面：

1）吊装困难导致的设备损伤风险：8 寸爆破阀所在的区域检修空间狭窄、干涉物项多、倒运路径受限，导致爆破阀解体和吊装过程存在极大不可控的设备损伤风险。根据三门核电厂和海阳核电厂的大修反馈，均发生过吊装导致的爆破阀法兰密封面划伤的情况。

2）设备空间布置紧密导致频繁拆卸：同一列的 4 台 8 寸爆破阀的布置极为紧密，如果对下侧或内侧爆破阀进行解体，则必须先移除上侧或外侧的爆破阀，导致上侧和外侧爆破阀存在被频繁拆卸问题。

3）隔离困难导致跑水风险：8 寸爆破阀与 IRWST 的隔离存在一定的困难，只能通过冰塞 8 寸的 DVI 管道进行隔离，但冰塞并非 100%可靠的隔离手段，壳内相关房间存在水淹风险。

4）频繁拆装增加薄弱零部件损伤风险：薄弱的零部件拆装过程中难以避免引入隐形损伤，频繁的拆装增加了损伤风险，这些薄弱部件包括各紧固件和密封件、拉伸螺栓、螺纹保护套、剪切盖等。同行电站已发生拉伸螺栓螺纹保护套损伤事件。如剪切盖一旦发生隐性损伤，则可能引起阀门失效导致机组停堆。

5）14 寸爆破阀解体检修对 ADS 第 4 级管道振动引入不确定的风险：当前 14 寸爆破阀解体检查需要拆除阀盖检查拉伸螺栓；此外，由于支架干涉，还需调整 ADS 第 4 级管道恒力吊的方向，这将引入 ADS 第 4 级管道振动超标的风险。

6）解体检查工序复杂增加人员辐射风险：由于爆破阀解体检查工序步骤复杂，拆解和安装耗时较长，增加了工作人员在大修期间的辐射剂量。

综上所述，考虑到每次换料大修爆破阀解体检查项目存在各种系统、设备及人员安全隐患问题，以及解体本身将对阀门装配精度和密封可靠性造成一定的潜在风险，且当前行业中缺乏爆破阀解体检查相关技术导则的指导，营运单位计划联合设计方和制造方对 ASME OM 规范中针对爆破阀的试验要求进行梳理并对 AP1000 爆破阀开展系统性研究。研究内容包括爆破阀失效模式分析、概率安全分析计算、核心零部件降质机理（腐蚀、机械性能、老化、热冲击等）分析及试验、无损检测技术研究等。拟根据研究结果优化确定爆破阀全解体检查的必要频度，并在此基础上形成最终论证分析报告或行业标准，用于指导电站大修期间爆破阀解体检查的方案，在不同大修期间以部分解体和全解体检查相结合的方式确认爆破阀零部件的功能完整性，取代当前每次大修对爆破阀进行全解体的检查方案，减少侵入式解体检查对设备造成的隐性损伤。

5.2.2.2 PXS 流阻试验

PXS 系统级可运行性试验的频度是每 10 年一次，目前未到执行周期。经电厂研究与分析，PXS 系统级可运行性试验执行需要在非正常配置状态下进行，除了耗时、耗力、耗资源外，在放射性液体暂存、处理方面也存在很大的困难。

1）IRWST 带放射性液体暂存问题。安全壳再循环管道与 IRWST 之间无法隔离，安全壳内换料水箱循环管线检查（检查范围见图 5-3 阴影部分，安全壳到安全壳再循环爆破阀的管路从安全壳侧进行检查，爆破阀到 IRWST 注入管线的管路从 IRWST 侧进行检查）前需要将 IRWST 疏水至某个地方暂存。在役期间乏池、装载井、冲洗井等容器均满水，并无设计上的容器可接收 IRWST 疏水。在放射性控制区内建立临时容器接收 IRWST 疏水存在较大困难，电厂到目前为止没有研究出可行的解决方案。

2）额外带放射性液体暂存、处理问题。堆芯卸料前，IRWST 中部分硼水转移至换料水池。卸料结束后，换料水池低跨侧硼水因屏蔽堆内构件的需要，无法转回 IRWST。IRWST 注入流道试验（试验管线范围见图 5-4，其蓝色轮廓线表示需流量测试，绿色轮廓线表示需目视检查）中要求在 IRWST 满水条件下进行，不可避免的额外水源注入 IRWST（近 800 m^3），成为带放射性水。大修结束后需要暂存、处理多出来的带放射性水。

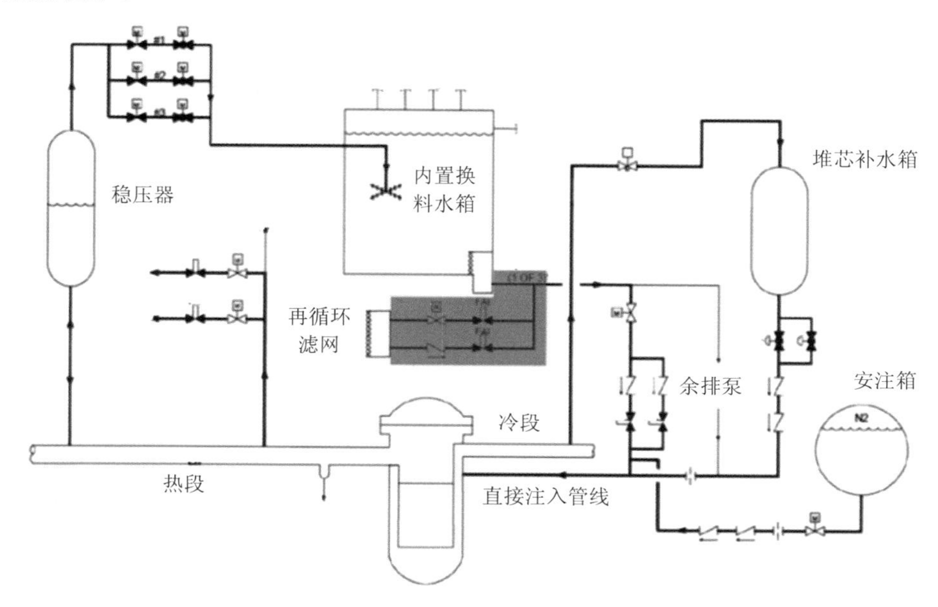

图 5-3　IRWST 再循环管线检查范围

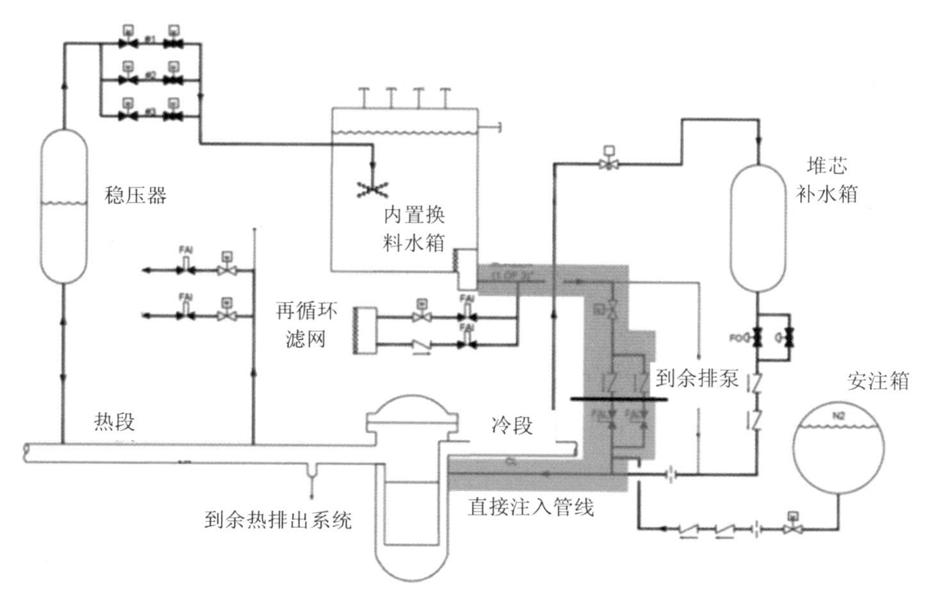

图 5-4　IRWST 注入流道试验范围

就上述 PXS 系统级可运行性试验与设计方美国西屋公司交流，美国西屋公司反馈是 20 世纪 90 年代 AP600 设计审查阶段，业界对非能动设计认知尚不充分的背景下写进设计文件的。目前 AP1000 多台机组已投入商运，非能动设计性能也通过多台机组上的试验进行了验证，业界对非能动设计的认知已深入，具备条件重新审视当时的设计输入。

三门核电厂、海阳核电厂联合委托美国西屋公司对 PXS 系统级可运行性试验优化进行研究。美国西屋公司通过对执照基准进行审查，得出的结论是没有承诺阻止对 PXS 十年期系统级可运行性试验进行修改。通过对一回路管道材质选择、一回路水化学控制、异物控制等的分析，排除与时间有关的管道阻力特性降级因素。同时使用 PSA 模型进行了定量分析，认为 PSA 成功准则裕量充沛，取消试验风险可接受。基于分析，美国西屋公司初步认为 PXS 系统级可运行性试验可以取消。相关分析工作依据 RG 1.174、NNSA-0147《概率风险评价用于特定电厂许可证基础变更的风险指引决策方法》和 NEI 04-10《风险指引型技术规格书策略 5b，风险指引型监督频率控制》提供的技术路线开展。后续国内营运单位将联合设计院和相关单位展开细致研究，使用国内 AP1000 核电厂 PSA 模型开展研究，以期优化取消 PXS 系统级可运行性试验。

5.3 核电厂非能动安全系统运行

5.3.1 运行事件

全球首台商用的非能动核电厂三门核电厂 1 号机组于 2018 年投入运行，后续海阳核电厂 1 号机组也于当年投入运行。投入商运至 2023 年，4 台运行的 AP1000 机组因非能动系统设备失效出现运行事件 9 起，表 5-3 列出了 2018—2023 年国内 AP1000 运行机组因非能动系统设备失效导致的运行事件。

表 5-3 2018—2023 年国内 AP1000 运行机组非能动系统相关运行事件

时间	运行事件名称
2018.07.24	国内某 AP1000 机组 IDS A 列直流母线切换至备用列带载过程中 A 列直流母线失电事件
2018.08.22	国内某 AP1000 机组主控室应急可居留系统 VES 触发事件
2018.10.17	国内某 AP1000 机组主给水丧失手动停堆后 S 信号自动触发事件
2019.12.03	国内某 AP1000 机组非能动安全壳冷却水储存箱出口气动隔离阀 B 非预期开启导致非能动安全壳冷却系统投入事件
2020.03.06	国内某 AP1000 机组非能动安全壳冷却水储存箱出口气动隔离阀 A 误开启事件
2020.04.11	国内某 AP1000 机组主控室通风辐射监测仪 A 气溶胶通道高 2 信号自动触发主控室应急可居留系统专设安全设施动作事件
2022.04.28	国内某 AP1000 机组非能动余热排出热交换器流量控制阀故障开启触发停堆信号导致反应堆停堆和安注触发事件
2022.10.19	国内某 AP1000 机组保护和安全监控系统 D 序列机柜失电导致蒸汽发生器窄量程液位低 2 触发自动停堆和安注事件
2023.02.09	国内某 AP1000 机组主控室差压低导致主控室应急可居留系统自动触发

其中，国内某 AP1000 机组主给水丧失手动停堆后 S 信号自动触发事件（1017 事件）、国内某 AP1000 机组保护和安全监控系统 D 序列机柜失电导致蒸汽发生器窄量程液位低 2 触发自动停堆和安注事件（1019 事件），以及国内某 AP1000 机组非能动余热排出热交换器流量控制阀故障开启触发停堆信号导致反应堆停堆和安注触发事件（428 事件）具有代表性且影响比较严重，在本书下文中进行了详细的介绍。

5.3.1.1 1017 事件

（1）事件描述

2018 年 10 月 17 日，国内某 AP1000 机组丧失主给水导致非能动余热排出热交换器动作触发并进一步导致安注信号触发，即发生 1017 事件，事件简要进程见图 5-5，相应的过程描述如下。

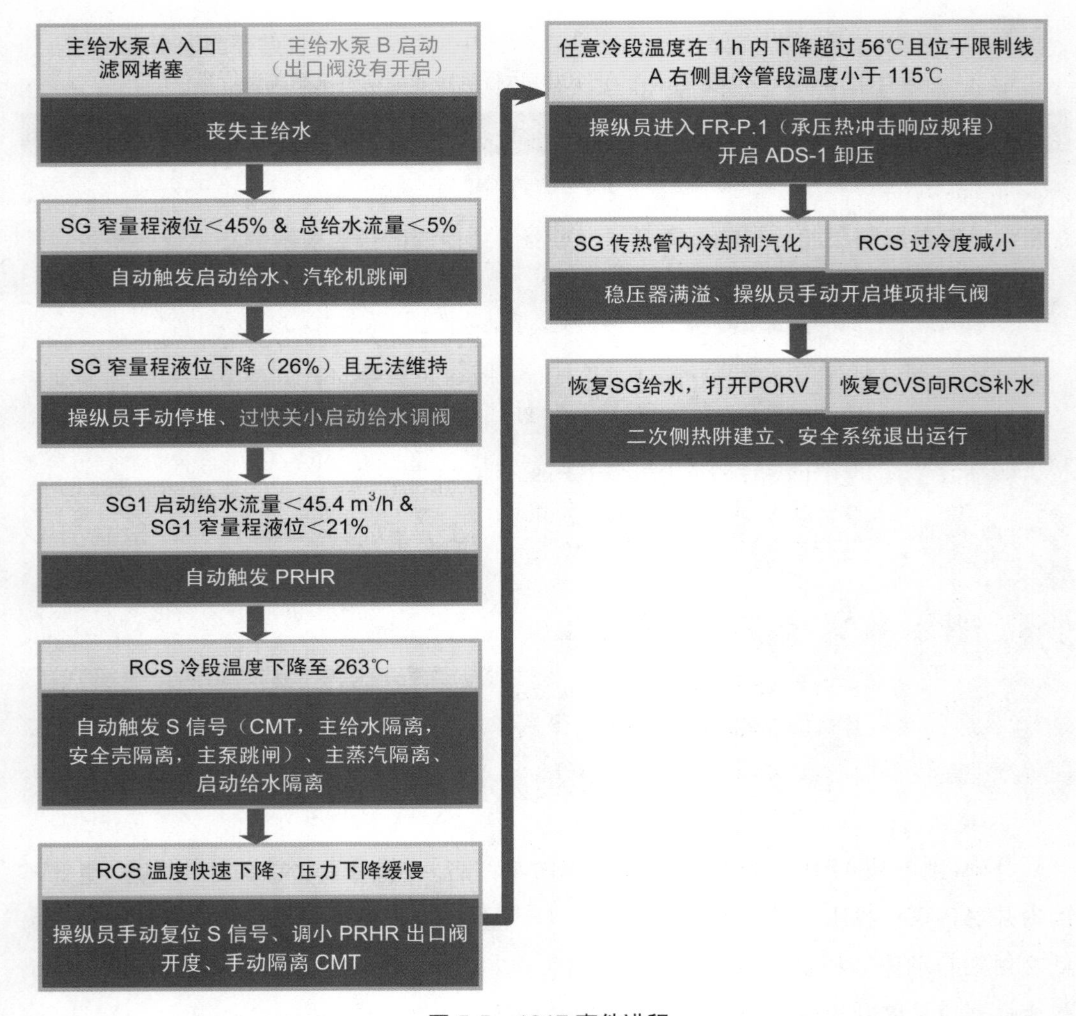

图 5-5　1017 事件进程

2018 年 10 月 17 日，该机组处于装料后调试阶段，模式 1 功率运行，核功率 30%。凝结水系统功能试验期间，由于主给水泵 A 入口滤网堵塞导致水泵跳闸，主给水母管压力下降至 6.9 MPa，备用主给水泵 B 启动后隔离阀无法开启（出口隔离阀设置了给水母管压力高于 7.9 MPa 时才允许开启的信号）导致主给水丧失。启动给水泵正常启动，汽机停机，SG 液位持续降低，操纵员手动停堆[9]。

为避免专设安全设施启动信号（S 信号）触发，操纵员手动关小启动给水调节阀，该行为导致一台 SG 启动给水流量低，叠加已存在的 SG 窄量程液位低，自动触发非能动余热排出系统。在 PRHR 系统及二回路冷却作用下，一回路冷却剂系统温度快速降低，操纵员手动复位PRHR，关闭PRHR出口气动隔离阀。RCS温度持续下降并触发S信号。S信号触发后堆芯补水箱自动启动，主给水系统、设备冷却水和安全壳系统隔离，主泵跳闸。同时触发的动作还包括主蒸汽和启动给水隔离，此后操纵员手动打开PRHR系统出口气动隔离阀，恢复对RCS的冷却。

S信号触发后，RCS温度持续快速下降。运行人员为避免RCS超过《关键安全功能状态树执行规程》（F-0规程）规定的温度压力限值，根据《带压热冲击即将发生的响应规程》（FR-P.1规程）通过自动泄压系统对一回路进行降压。ADS泄压导致RCS压力快速下降，期间一回路堆芯出口（CET）温度过冷度逐渐降低至低于0℃，持续时间达到95 min。

事件处理过程中PRHR系统因操纵员干预中断运行185 s，期间堆芯升温有限且始终保持在淹没状态，余热导出功能安全可控，停堆后反应性得到有效控制，三道安全屏障完整。

（2）事件调查和分析

2018年11月16日，核电厂营运单位按照核安全法规《核电厂营运单位报告制度》（HAF 001/02/01）的规定，向国家核安全局提交《海阳核电厂2号机组主给水丧失手动停堆后S信号自动触发事件的运行事件报告》。

2018年12月17—21日，国家核安全局、核与辐射安全中心、华东核与辐射安全监督站、苏州核安全中心、湖南工学院派员成立事件独立调查评价组，对该电厂“2号机主给水丧失手动停堆后S信号自动触发事件”开展了独立调查评价。

2020年10月，国家核安全局召开一回路快速降温现象研讨会，会议提出设计基准事故中一回路快速降温现象可能威胁一回路完整性，需要操纵员手动开启ADS卸压以缓解事故后果，应关注相关操作规程。建议在安全审评中关注相关事故分析，并将一回路降温瞬态加入压力容器力学分析瞬态清单。

2021年11月，上海核工程研究设计院利用适用的计算机程序对1017事件进行了复现，对重要现象进行了分析评价。按照ASME规范对事件设备力学影响进行了系统性的分析评价，对事件中主管道中出现显著热分层的现象进行了力学影响评估，并对可能受到事件瞬态影响的压力容器顶盖排气管线和支撑进行了力学分析评价，上海核工程研究设计院还对国和一号（CAP1400）假想1017事件影响进行了评估[10]。

（3）1017事件的分析评估

1017事件发生以来，核电厂营运单位联合上海核工程研究设计院针对事件影响包括承压热冲击瞬态分析、设备疲劳和结构完整性开展了大量的分析评估工作。

1）相关系统设备的疲劳和脆性断裂分析。

根据 ASME XI 卷非规定性附录 L 的要求开展了运行核电厂的疲劳评定（L1000），评估结果表明相关设备 60 年寿期内疲劳损伤仍满足 ASME BPVC 第 I 卷中的相关要求。在设备断裂评估方面，针对受本次事件影响的一回路主设备无延性失效分析最严苛部件——蒸汽发生器 PRHR 管嘴进行断裂分析，评价结果表明事件瞬态中仍然满足 ASME BPVC 第Ⅲ卷附录 G 的相关要求，无延性失效分析结果未超过原设计瞬态无延性失效分析结果。

2）AP1000 系列核电厂承压热冲击瞬态（PTS）的 RPV 脆断风险分析。

在承压热冲击方面，针对一回路主设备无延性失效分析最严苛部件——蒸汽发生器 PRHR 管嘴按照 ASME BPVC 第 III 卷附录 G（2007+2008 补遗）的要求进行无延性失效评定，考虑 1017 电厂实际瞬态按 C 级使用工况（危急工况、稀有事件）进行评定，则其 ASN5 评定截面的应力强度因子与参考临界应力强度因子比值（KI/KIC）小于 1，从而不会发生临界尺寸缺陷的扩展，也不会形成贯穿性裂纹挑战 RPV 的结构完整性，基于上述分析结果，审评人员认为发生 1017 事件并不影响原有的 AP1000 核电机组在承压热冲击瞬态中压力容器失效风险的分析结论。

3）1017 事件 RCS 降温速率超过运行限制条件规定的后果评价。

1017 事件中 RCS 降温速率远远超出了技术规格书规定的 P-T 运行限制条件，根据技术规格书要求，对于超出反应堆冷却剂系统压力和温度运行限制条件的情况，应按照 ASME B&PVC 第 X 卷附录 E（未曾预期运行事件的评定）对堆芯活性区的影响进行评估，以确定反应堆冷却剂系统是否可继续运行。开展的结构完整性评价表明，1017 事件仍然满足 E-1200/E-1300 验收准则，RPV 堆芯活性区具有足够的结构完整性。在上述分析工作基础上，还针对寿期末发生 1017 事件的堆芯活性区影响进行敏感性分析，结果表明，即使本次事件在寿期末发生，评定结果仍满足 ASME B&PVC 第 XI 卷附录 E-1200 和 E-1300 的验收准则，表明反应堆容器筒区具有足够的结构完整性。

4）1017 事件中燃料包壳的完整性。

堆芯出口布置 42 个测温热电偶（CET），事件期间第五高热电偶显示过冷度最低为 −2.944℃，过冷度 6℃以下累计时间为 155 min，过冷度 0℃以下累计时间 95 min。期间 CET 最高温度分别为 204℃和 188.5℃，堆芯可能存在局部沸腾。使用《堆芯损伤评价方法》评价堆芯是否有损伤。堆芯温度小于程序规定堆芯损伤判定阈值 371℃，且安全壳辐射剂量小于 CRM1 值，判定堆芯无损伤。

5）1017 事件对于安全壳完整性的影响。

由于事件期间，开启 ADS-1 级和 RV 顶盖排气，导致 RCS 内溶解的氢气随少量冷却剂排至 IRWST，然后通过 IRWST 排气口进入安全壳大气。通过对安全壳内氢气浓度的监视，事件期间 2-VLS-AYT001 探测器探测到安全壳内氢气浓度最高为 0.11%，远低于报警值。事件期间，安全壳最高压力达 8.29 kPa，远低于安全壳设计压力。

综上所述，目前事件后果、事件后一回路完整性评价均已完成，结果表明未对机组造成实质性风险。

（4）相关改进和经验反馈

1）改进措施。

核电厂营运单位针对 1017 事件中发现的规程有效性不足以及主给水泵备用可靠性不足问题采取了改进措施：

①使用计算机化规程系统（CPS）将 AOP、EOP 的规程内容电子化，通过将电子化规程的各个步骤与 DCS 数据点以及相关的操作画面相链接，实现协助判断规程进入条件、协助判断规程步骤是否满足、帮助操纵员快速找到操作画面等作用。同时，CPS 自动记录规程执行状态标记，为后续的场景重建提供帮助。

②优化 ES-0.1 规程，在控制完好 SG 液位操作步骤前增加相关内容的“警告”；在控制完好 SG 液位期间，当出现 SG 窄量程液位≤21%工况时，维持该 SG 给水流量大于 47.7 m^3/h，且至两台 SG 的总给水流量大于 91 m^3/h，直到完好 SG 窄量程液位大于 35%；在控制完好 SG 液位操作完成后增加 RCS 冷段温度检查操作：如果当 RCS 冷段温度降至 274℃后还在持续下降，操纵员手动隔离主蒸汽和辅助蒸汽管道，防止 RCS 过度冷却触发 S 信号。

③优化 FR-P.1 规程，在降低 RCS 压力操作期间，增加恢复 SG 给水和对二次侧降温降压操作：如果二次侧压力高于一次侧，采用 PORV 阀降压，使其压力维持在低于一次侧压力小于 0.5 MPa。

④编制《EOP 和 AOP 执行通用技术要求》（GOM-115 第 0 版），明确规定 PRHR 出口气动隔离阀流量调节要求，为防止 PRHR 自然循环流量中断，在 EOP 规程要求隔离 PRHR 之前禁止将 PRHR 流量调节阀全关。

⑤取消主给水泵母管压力低闭锁开启出口阀逻辑。

上述改进措施已在 CAP1400 国核示范工程和 CAP1000 项目的设计阶段落实。

2）经验反馈。

1017事件反映出营运单位在操纵员技能水平、防人因失误、应急规程有效性等方面存在不足，为加强经验反馈工作，避免后续AP/CAP系列核电机组出现类似事件，建议营运单位：

①加强培训演练，提高调试运行人员技能水平。针对操纵员不熟悉主给水泵前置泵入口滤网压差高报警响应规程、安全壳压力高报警响应规程、ES-0.1、FR-P.1等应急运行规程的情况，建议营运单位对培训大纲、复训频度和培训考核方式进行评估，对事件中体现出的操纵员技能水平不足的情况开展针对性复训。在开展中高风险调试试验之前，在模拟机提前演练相关试验涉及的运行及应急运行规程。

针对事件中表现出的操纵员对主给水前置泵入口压力监控和一回路堆芯出口过冷度监控响应不及时的问题，建议营运单位进行专题培训，要求操纵员掌握重要参数的安全意义及干预准则，掌握规程中连续步骤的要求以及非预期响应的措施要求。

非能动余热排出系统是AP1000核电厂导出堆芯余热的重要手段，执行安全功能。PRHR系统触发后，操纵员应当严格执行应急运行规程，明确相关系统信号复位及转备用条件，确保专设安全设施完成其预期功能。安全壳是放射性物质包容的最后一道安全屏障，要切实执行安全功能。在应急运行规程执行期间发生安全壳压力异常升高现象时操纵员应优先保障安全壳的包容功能。

②规范人员行为，加强防人因失误管理。针对该事件中二回路调试试验不满足先决条件就执行的情况，建议营运单位加强管理，制止不满足先决条件的相关试验活动。

针对日常运行过程中操纵员执行《运行操作的程序控制》、《运行行为规范》、《运行工前会及工后会管理》和《控制室和值班室管理》不规范的情况，建议营运单位采取工作观察、督导、考核等措施，纠正员工的不良工作习惯，要求工作人员严格按照规程开展工作。

针对事件期间运行人员不严格遵守应急运行规程，对应急运行规程掌握不充分、未经许可偏离规程的情况，建议营运单位加强人员行为管理。针对工作人员出现人因失误的情况，建议营运单位推广防人因失误工具的使用。

③开展应急运行规程验证优化工作。1017事件后核电厂营运单位对部分应急运行规程进行了调整，建议相关单位进一步开展应急运行规程验证优化工作，提高事故处理的有效性和针对性，避免规程缺陷导致的事故处理不当、事故序列复杂化，确保核安全和辐射安全。1017事件发生后核电厂营运单位引入了计算机化规程系统，用于协助操纵员

判断规程进入条件、协助判断规程步骤是否满足、帮助操纵员快速找到操作画面，营运单位应对上述计算机化规程系统功能进行充分验证，避免该系统对操纵员操作造成不利影响。

5.3.1.2　1019 事件

（1）事件进程

2022 年 10 月 19 日，国内某 AP1000 机组核电厂 1 号机组反应堆保护及监控系统 D 序列失电导致蒸汽发生器丧失给水，蒸汽发生器宽量程液位低触发非能动余热排出热交换器动作导致安注信号动作，发生 1019 事件。事件进程如图 5-6 所示，相应的过程描述如下。2022 年 10 月 19 日，该电厂 1 号机组处于满功率运行，发电机功率 1 249 MWe。

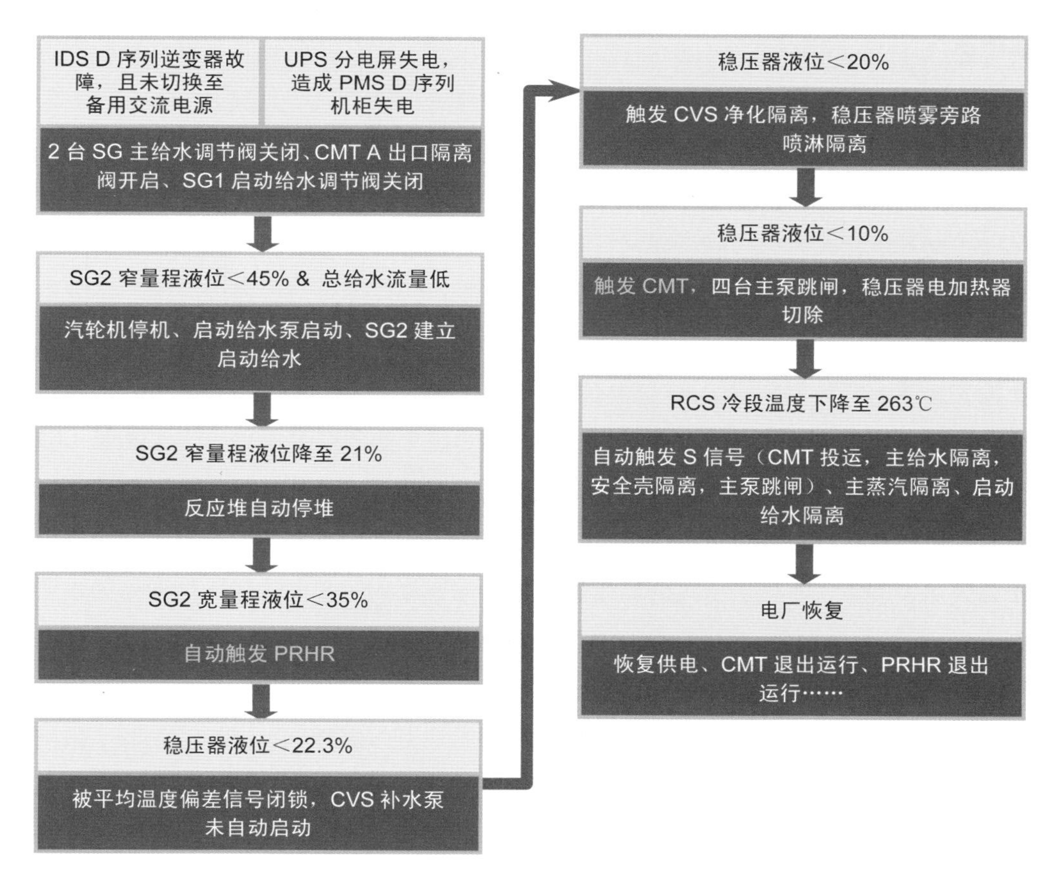

图 5-6　1019 事件进程

10月19日，06：52：53，保护和安全监控系统（PMS）D序列机柜失电；

06：52：55，主给水调节阀SGS-V250A/B关闭，两台蒸汽发生器（SG）窄量程液位快速下降；

06：53：15，SG2窄量程液位低2（21%）触发反应堆自动停堆；

06：53：15，SG2给水流量（主给水流量低量程与启动给水流量之和）小于5%，触发汽轮机停机和启动给水泵启动信号；

06：53：19，运行人员执行运行规程E-0（停堆或安注），确认反应堆保护系统动作正常；

06：53：23，SG2宽量程液位低2（35%）触发非能动余热排出系统动作；

06：58：31，稳压器液位低2（10%）触发堆芯补水箱（CMT）动作，4台主泵自动停运；

06：59：02，一回路冷段温度低2（263℃）触发安注信号；

07：19，根据运行规程E-1（一回路或二回路冷却剂丧失）复位安注信号；

09：57，1E级直流和UPS系统（IDS）D序列24 h逆变器由旁路电源供电；

11：23，恢复PMS D序列机柜供电；

13：09，根据运行规程将堆芯补水箱（CMT）退出运行；

16：50，根据运行规程将非能动余热排出系统（PRHR）退出运行。

（2）原因分析

1019事件的原因分析表明，其直接原因为1E级直流和交流不停电电源系统（IDS）D序列24 h逆变器故障且未切换旁路，IDSD UPS分电屏（IDSD-EA-1）失电，造成保护和安全监控系统（PMS）D序列失电。根本原因为IDSD-EA-1上游电源逆变器内部主控制板A070与处理器芯片间插接针脚接触不良导致主控制板故障；逆变器的设计存在单点失效故障（SPV）。主控制板A070故障，逆变器停机（未切换旁路）失去输出，导致UPS供电中断。

（3）改进措施

提高逆变器设备可靠性设计，控制板升级替换，将所有芯片均改为焊接，避免松动。此外，增加独立旁路切换功能。增加单独子板，增加独立电源，主控板电源或功能失效后也可保证切换功能。

5.3.1.3 428事件

（1）事件进程

2022年4月28日，国内某AP1000机组非能动余热排出热交换器出口气动阀供气电磁阀供电熔丝熔断导致非能动余热排出热交换器误触发进而导致安注信号触发，发生428事件。事件进程如图5-7所示，相关的事件过程描述如下。

图5-7 428事件进程

2022年4月28日，该核电厂1号机组处于模式1（功率运行）状态，反应堆核功率99.6%Pn，安全系统均处于可用状态。

02：26：31，1-PXS-V108B因熔断器质量缺陷故障失气开启，触发反应堆停堆、汽轮机停机。反应堆冷却剂系统温度下降，11 s后“一回路冷段温度低2”触发安注信号、CMT和PRHR自动触发，CMT和PRHR HX自动投运、主给水隔离、主蒸汽管线隔离、安全壳隔离、4台主泵自动停运。

02：27：19，运行人员执行E-0（停堆或安全驱动）应急运行规程，确认反应堆保护系统和专设安全设施动作正常，控制并稳定机组状态。

02：47：27，运行人员根据规程手动启动两台给水泵建立蒸汽发生器（SG）供水，恢复两台 SG 自然循环冷却功能。

02：59：44，运行人员依照 E-0（停堆或安全驱动）手动复位 CMT 触发信号，关闭两台 CMT 出口隔离阀，退出两台 CMT。

03：25：24，运行人员依照 E-0（停堆或安全驱动），转入 ES-1.1（安注驱动终止）应急运行规程，继续控制并稳定机组状态。

04：52：49，运行人员依照 ES-1.1（安注驱动终止），手动复位 PRHR 触发信号，关闭 PRHR HX 入口隔离阀，退出 PRHR HX。

05：20：00，RCS 压力 2.84 MPa、RCS 平均温度 184℃，运行人员依照 ES-1.1（安注驱动终止）投运正常余热排出系统（RNS），恢复 RCS 正常冷却。

（2）事件原因

通过分析熔断器可能的开路原因、解体开路的熔断器，对开路熔断器故障现象进行分析，确认该故障熔断器不是由于过载或短路导致的开路，原因为熔断器存在局部质量缺陷，缺陷部位电阻较大，长期运行在小电流下，缺陷部位出现高温并加速老化，最终熔断器开路导致本次事件发生。

5.3.1.4 三起事件暴露的问题

（1）1017 事件中调试及运行人员普遍存在技能不足和操作不规范等问题

相关人员在试验先决条件不满足的情况下进行了投运除氧器五段抽汽试验；操纵员未及时按主给水泵报警响应规程的要求启动主给水泵 B，导致主给水泵 B 出口隔离阀无法打开，进而造成机组丧失主给水；主控室操纵员受到无关人员干扰，在后续 SG 给水流量调节过程中操作不当，关小启动给水调节阀导致 PRHR 触发并继发引起 S 信号；操纵员不熟悉 ES-0.1 规程要求，在 PRHR 不满足退出条件的情况下错误关闭 PRHR 出口流量调节阀；在应急运行规程执行期间，安全壳压力高 1 报警触发后，操纵员错误依据报警响应规程对安全壳通风降压；操纵员执行规程 FR-P.1 连续步骤 29 监视堆芯出口过冷度相关操作不及时；操纵员在降低旁排压力时未遵守防人因失误工具要求，对旁排压力值设定错误，导致 S 信号再次触发。

（2）1017 事件暴露应急响应规程有效性不足

ES-0.1 规程步骤 4“确认 SG 压力稳定”的要求不明确，导致操纵员判断错误。ES-0.1 规程步骤 3“复位 PRHR 触发信号，通过调节 PRHR 出口气动隔离阀使一回路温度稳定在≤292℃”中未明确 PRHR 出口气动隔离阀调节范围，导致操纵员错误关闭该阀门。在事件处理过程中提前执行 FR-P.1 规程第 30 步启动主给水泵 B 再循环运行导致后续规程执行路径提前，操纵员根据 FR-P.1 规程两次打开压力容器顶盖排气阀对稳压器降液位失败。

（3）AP/CAP 系列电厂 PRHR 误触发后继续触发 S 信号风险较高

开展了热态零功率 PRHR 误动作设计瞬态（0 衰变热条件）、27%功率 PRHR 误动作设计瞬态（衰变热取海阳 1017 事件对应的衰变热水平）、额定功率 PRHR 误动作设计瞬态（衰变热取调试过程得到的功率历史对应的衰变热）3 个功率以及保守衰变热条件下 PRHR 误动作设计瞬态分析。分析表明 AP1000 在上述 3 个功率水平操纵员不干预 PRHR 调阀开度情况下，关键参数变化趋势一致，分别在 256 s、193 s 和 93 s 触发 S 信号。PRHR 触发后根据 ES-0.1 规程步骤 3 的要求，操纵员应通过调节 PRHR 流量调节阀（即 PRHR 出口气动隔离阀）使一回路温度稳定在≤292℃，但无论是理论计算还是实际发生的三起运行事件，在 PRHR 误触发后操纵员均无法稳定 RCS 的 Tcold 温度，因此，PRHR 误触发后继续触发 S 信号风险较高。基于现有设计，AP/CAP 系列核电厂 PRHR 误触发后继续触发 S 信号风险较高，营运单位应进一步研究降低 PRHR 和 S 信号误触发风险的措施。

（4）AP/CAP 系列电厂启动给水系统纵深防御功能的有效性待加强

在 1019 事件中，主给水调节阀关闭导致停机停堆，启动给水成功注入 SG2 后，其水位进一步下降到宽量程低 2 液位导致 PRHR 触发和 S 信号触发，该事件表明启动给水系统未起到避免专设动作的纵深防御作用，需进一步研究功率运行时 SG 的整定液位、流量调阀开度和系统启动整定值。

（5）AP1000 系列电厂存在单点失效导致安注触发的风险

AP1000 安注系统采用非能动设计，简化安全设备后单一设备误动将导致安注动作。经过梳理，一些重要关键敏感性设备（SPV）阀门由 PMS 机柜内单一的 CIM 卡件控制，控制回路上单熔丝、单电磁阀故障均会直接导致设备置于失效安全位置，进而触发安全系统，造成反应堆停堆。目前，海阳与三门正在联合委托美国西屋公司，结合三次安注信号触发事件开展设计优化工作，拟将 9 个 SPV 气动阀供气电磁阀由单电磁阀修改为双电磁阀、双 CIM 卡、双电源供电的方案。海阳 1019 事件同样也表明需要梳理 PMS 各序列供电设备，避免单一设备故障导致的系统各序列（如两列主给水）及其缓解系统（如一列启动给水）同时失效，进而触发安注。

5.3.2 CMT 阀门泄漏

PXS-V014A、PXS-V015A 并联位于 CMT A 列出口，PXS-V014B、PXS-V015B 并联位于 CMT B 列出口，该 4 台阀门为设备分级为 CC1 级的 SPV 阀门。该阀门设计为核一级，正常运行期间保持关闭，在设计基准事故下打开提供堆芯的应急补水和硼化功能，使得机组维持在安全停堆模式。阀门设计为笼式截止阀，通过 C 形环提供阀笼密封，但是根据阀门设计要求以及密封结构，该阀门无法提供反向密封。阀门反向泄漏导致 DVI 管线温度升高。

该问题在国内 AP1000 依托项目热试阶段均出现，2 号机组在装料后临界前甚至两度从 NOP/NOT 退防至冷停堆，对 CMT 进行疏水来进行设备缺陷的处理，甚至可能需要将堆芯卸料并疏水至 DVI 以下来处理低水位阀门缺陷，严重影响机组安全稳定运行。另外，根据国内某 AP1000 机组 2022 年 1019 事件经验反馈，蒸汽发生器失去给水后高压和中压安注信号触发，机组停堆小修启动上行时，两侧堆芯注入 DVI 管道同时发生温度高报警，判断多台 CMT 出口气动隔离阀发生了反向泄漏，再次停堆处理该问题花费了近一周时间，检查发现阀笼和 C 形环出现变形，更换了多套进口阀芯、阀笼和阀座备件。

国内 AP1000 机组调试期间、2 号机组装料后均发生过反向泄漏。商运之后每次大修执行反向泄漏率测试，监测阀门泄漏率的趋势，机组运行期间未再次出现过反向泄漏，实践证明通过反向泄漏率测试可有效监测阀门的性能。

国内 AP1000 机组在大修期间也遇到过阀门维修后测试泄漏率不合格。当时通过松卸填料、增大执行机构气压使阀瓣与阀座贴合，再次测试泄漏率合格。综上分析认为阀瓣在阀笼中的导向可能存在细微的不对中，C 形环因轻微偏斜导致摩擦力过大，使阀瓣未与阀座良好贴合。通过增大气压、减小填料摩擦力迫使阀瓣与阀座贴合。核电厂营运单位目前已对该 4 台阀门的填料进行替代，改用具有低摩擦、高密封性能的填料；同时，对阀门的运维进行了优化，包括：定期开关试验 3M（3 个月）；执行机构检查维护和诊断试验 1C（1 个燃料循环）、解体检查 3C（3 个燃料循环）；阀门性能监测，即反向泄漏率试验 1C（1 个燃料循环）。

5.3.3 PRHR HX 流量控制阀内漏

PXS-V108A/B 为非能动余热排出系统换热器的流量控制阀，阀门设计为核一级，正常运行期间保持关闭，在设计基准事故下打开提供堆芯的应急冷却功能，使得机组维持在安全停堆模式。阀门为大口径（20 in）气动 C 形调节球阀，设备可靠性分级 CC1（SPV），属于 RCS（一回路系统）压力边界，具有密封等级 Class V、流量可精确调节、快开等功能要求。阀门设计有 4 个 1E 级关限位开关，提供阀门关闭位置指示，按照“四取二”逻辑触发停堆，该阀门的可靠运行对机组的安全性和经济性具有重要作用。

该阀门为 AP1000 电厂首次设计，采用固定偏心球、固定弹性阀座结构，依靠阀球的凸轮作用楔进阀座密封环，相互挤压并产生足够的密封比压。阀座密封环为弹性设计，这种结构的优点是阀座与阀球贴合时具有一定的自动对中能力，最终与阀球密封面配合形成线密封，能够较好地实现 5 级密封要求。但同时也存在一定的缺点，由于阀座为 U 形弹性密封结构，为实现弹性变形目的，密封部位厚度尺寸设计较薄，导致其不能承受过大压差（正向压差不超过 60 psi），同时也不能承受反向压力。

根据 AP1000 依托项目机组运行经验，该阀门在一回路发生非预计瞬态后，极易发生内漏，在热试、商运后均多次出现，对机组上行产生严重不利影响，截至目前 1 号和 2 号机组共发生 5 次内漏。根据阀门厂家提供的内漏处理方案，现场通过调节阀门的关限位螺钉，使阀球行程增大进一步挤压阀座环，提高阀门的密封应力，从而消除内漏。但是该处理方案具有局限性，当关限位螺钉调整到设计阈值或阀球产生了非预计的划伤，则需要更换阀球和阀座备件，而该进口备件采购价格高达上千万元，且供货周期长达 1～2 年。

5.3.4　国内某核电厂余热排出系统管道冻裂

5.3.4.1　背景介绍

高温气冷堆两座反应堆各设置一套余热排出系统，余热排出系统是非能动自然循环系统，设计载热能力为 1 200 kW/堆。每座反应堆有 3 套互相独立的冷却序列（3×50%）。两列同时运行时即可满足 100%的余热排出能力。其系统设计压力 1 MPa·a、正常运行压力约 0.3 MPa·a（a 表示绝压），系统运行介质来源为设备冷却水补水。余热排出系统功能为在正常运行期间，与屏冷系统一起执行反应堆舱室的冷却功能，保证混凝土温度低于规定限值；在事故停堆和主传热系统失效的情况下，余热排出系统将堆芯剩余发热可靠地载出堆舱并输送至最终热阱——大气，保证堆内构件、反应堆压力容器及反应堆舱室等的温度低于规定限值。

5.3.4.2 事件过程及原因分析

2021 年 1 月 9 日，国内某高温气冷堆核电机组处于热试降温降压阶段，1 号、2 号堆余热排出系统三列均处于投运状态，01 列（1JNA01）和 03 列（1JNA03）先后发生 1 根换热管弯管破裂漏水[11]。弯管破裂的现场情况如图 5-8 所示。

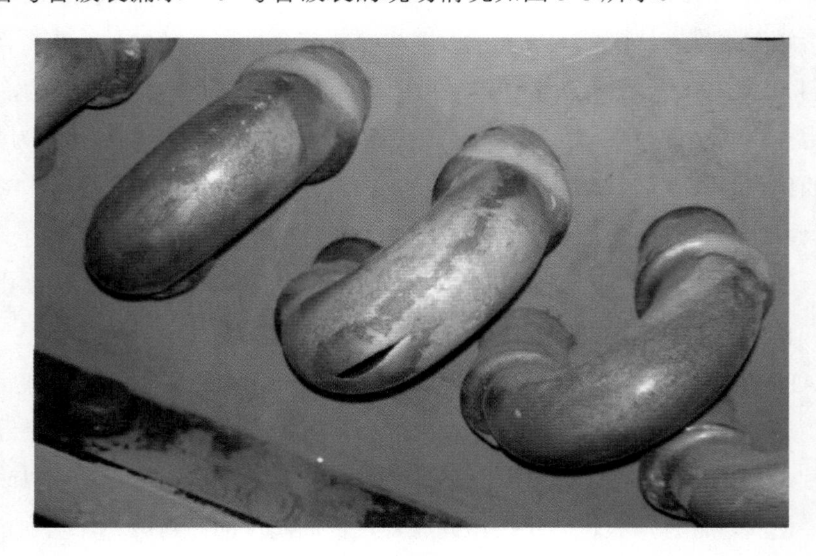

图 5-8 高温气冷堆核电厂示范工程余排系统弯管破裂

JNA 空冷器换热管弯管冻裂事件发生后，为查明事件发生的原因，并确认空冷器质量能否满足使用要求，核电厂营运单位全面梳理排查了设计文件、设备制造文件、调试试验报告等文件情况，并开展了弯头壁厚测量、失效机理分析、氨熏试验、换热管流通性检查等工作。

经过全面分析，得出事件发生原因如下：空冷塔风阀四周边缘未封堵，入口调节风阀检修门、空冷器检修门未安装，仅用临时棉帘遮挡，空冷塔存在漏风现象，空冷塔室内气温过低；空冷器换热管内存有焊瘤或异物，导致部分换热管内介质流通受阻，流速降低，在极端恶劣天气条件下，造成余热排出系统空冷器局部管道结冰，导致铜管弯管冻裂；同时，核电厂营运单位缺少针对低温气候条件的监测、预警、防寒处置预案，未对极端恶劣天气下的设备运行进行有效干预。

5.3.4.3 纠正措施

为提高空冷器的运行可靠性，避免再次出现换热管弯管冻裂事件，核电厂营运单位采取了以下措施。

（1）提高空冷塔封闭性，减少额外漏风

事件发生前空冷器入口调节风阀检修门和空冷器检修门未安装，仅用临时棉帘遮挡，入口调节风阀四周与空冷塔土建构筑物之间缝隙未封堵，存在漏风现象。现场已对空冷器检修门和风阀检修门进行了安装，并已完成缝隙封堵。

（2）排查并清理堵塞异物，保障空冷器流通性

去除了 1JNA01 和 1JNA03 发生冻裂的两根换热管内存在的焊瘤或异物，并更换破裂弯管。同时，清理了 1 号、2 号堆补充热试期间检查发现流通不畅的换热管内的异物，保障空冷器的流通性。

（3）全面检查，提高空冷器运行可靠性

全面排查了 JNA 空冷器换热管弯管表面情况，发现部分弯管表面存在磕碰凹痕和表面清漆脱落情况，现场对存在磕碰凹痕的弯管进行了更换，并对弯管表面进行了补漆，保障空冷器的耐腐蚀性能。同时，结合弯管备件的使用情况，将剩余弯管备件更换壁厚为 1.03 mm 的弯管。

（4）全面排查有关厂商供货设备，消除质量隐患

组织对 JNA 余热排出系统空冷器其他部件材料及有关厂商供货的其他合同设备主要部件材料的符合性情况进行了全面的梳理和排查，对采用与 JNA 相同形式的 JNC 系统空冷器弯头进行了壁厚测量，排查并消除潜在的质量隐患。

（5）优化运行策略，避免再次冻裂

事件发生后对运行规程进行了优化，提前干预空冷器的运行异常工况，提高防冻裕量，避免空冷器再次发生冻裂。

5.4　福岛核事故的经验反馈

5.4.1　沸水堆的非能动安全系统设计

事故工况下，若沸水反应堆正常冷却途径（由蒸汽旁排汽轮机导向主凝汽器而带出堆芯热量）不可用，可采用专门的系统提供冷却。福岛第一核电站设计中，1 号机组采用隔离凝汽器系统（早期设计），2 号～6 号机组采用堆芯隔离冷却系统（改进设计）。

5.4.1.1 隔离凝汽器系统

福岛第一核电厂 1 号机组的隔离凝汽器系统原理如图 5-9 所示。隔离凝汽器系统有两个单独和冗余的隔离凝汽器回路，冷凝蒸汽后依靠重力作用把冷凝水送回到反应堆。在需要从专用水源补水之前，足够运行 8 h。这样设计的不足是：尽管对堆芯实现非能动冷却，但无法对堆芯进行补水，而且隔离凝汽器箱的水也无法有效补充，因而系统运行时间受到限制。

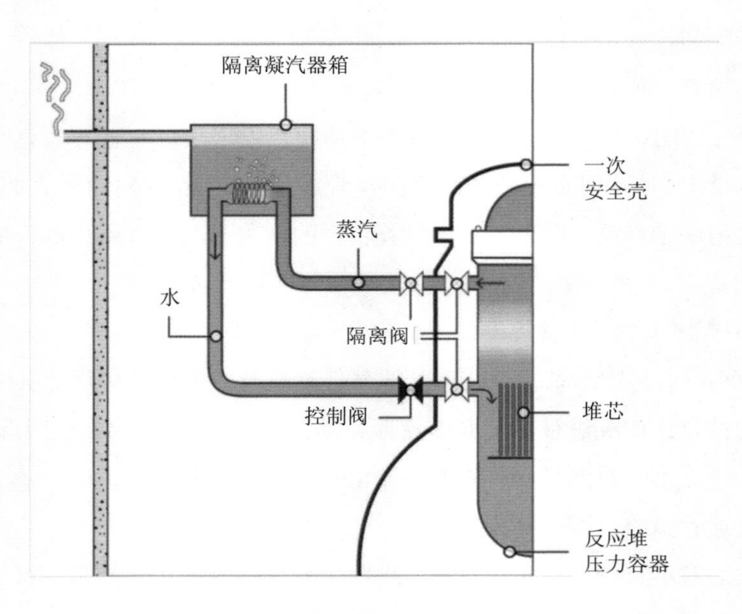

图 5-9 沸水堆的隔离冷凝器系统

5.4.1.2 隔离冷却系统

福岛第一核电厂 2 号～6 号机组的隔离冷却系统，对早期设计的隔离凝汽器系统进行了优化改进，以实现堆芯补水和长期冷却的功能。隔离冷却系统也是采用非能动方式，系统原理图见图 5-10。在堆芯隔离冷却系统中，来自反应堆的蒸汽驱动一个小型汽轮机，并继而运转一台泵，将水注入高压的反应堆。运转汽轮机的蒸汽，被排放和收集在一次安全壳的抑压水池，该水池起到吸收废热的热阱作用。隔离冷却系统按照设计至少可运行 4 h。

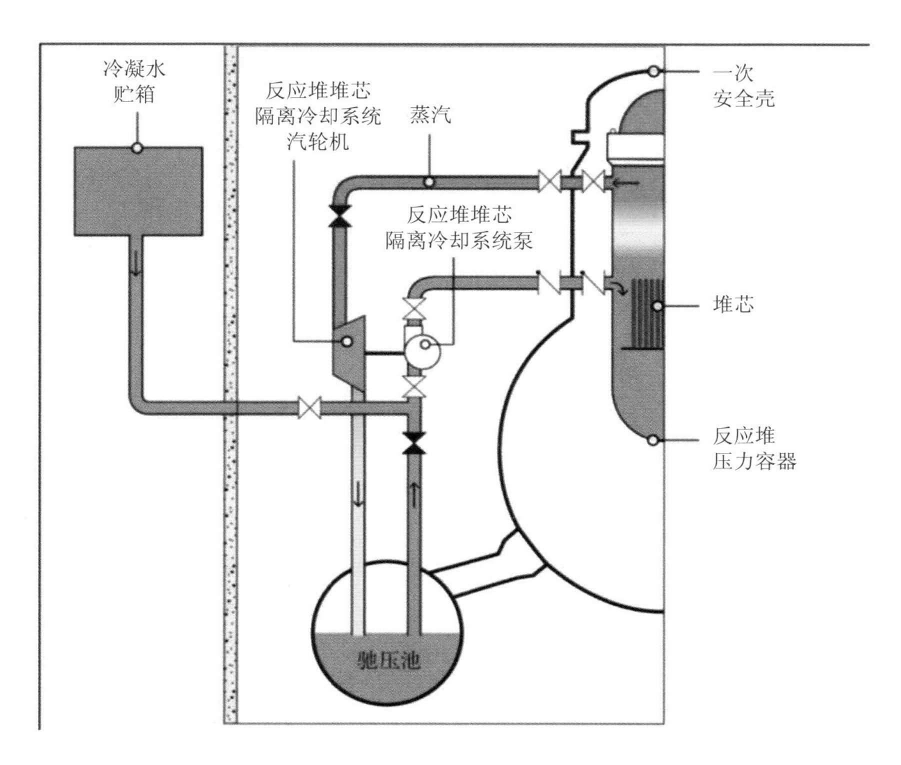

图 5-10　沸水堆的堆芯隔离冷却系统

5.4.2　福岛核事故主要事故进程

5.4.2.1　福岛第一核电厂 1 号机组

主要事故序列及事故后分析反馈信息[12]如下：

14：46，地震超过地震传感器 B/C 整定值，触发自动停堆；

14：47，因失去厂外电，安全壳内外侧主蒸汽隔离阀关闭（全关）；

14：47，EDG 1B 启动、带载，向 6.9 kV 母线 1D 段供电；EDG 1A 启动、带载，向母线 1C 段供电；

14：52，两个隔离冷凝器（IC）自动启动，冷水再循环，RPV 内压力开始下降（自动启动，说明非能动安全系统已响应）；

15：03，操纵员手动断开隔离冷凝器（因堆芯冷却速率超过了 55℃/h，超过 TS 限值，操纵员关闭冷端与干阱间电动隔离阀 MO-3A 和 MO-3B）（在不知道事故状况情况下，操纵员根据规程关闭了 IC）；

15：10，操纵员决定打开电动隔离阀 MO-3A，仅投入一列隔离冷凝器 A 运行（10～34 min，RPV 压力波动，手动启动和停止 IC 系统 3 次，并在 34 min 时 IC 的 A 序列停运）（期间连续波动、手动启停 3 次，而且最后不得不停运，这表明作为非能动系统的隔离冷却器 A 列可能运行不稳定，或者操纵员进行了错误干预）；

15：27 和 15：35，第一波、第二波海啸袭击核电厂；

15：37，所有 AC 电源丧失，后续失去 DC，控制盘上隔离冷凝器阀门状态指示消失（即认为隔离冷凝器不可用。在没有 DC 情况下 IC 系统需要就地操作，并且 IC 运行 8 h 后需要 EDG 驱动消防泵对冷凝箱补水，然而操纵员并没有立即将 IC 投运）（非能动安全系统隔离冷凝器，由于需要阀门动作、补水等，在 SBO 情况下发挥其性能受到限制）；

18：18，DC 电源部分恢复，隔离冷凝器电动隔离阀 MO-3A、MO-2A 指示灯亮，且显示其处于关闭状态；

18：18，操纵员通过打开电动隔离阀 MO-3A 和 MO-2A，将隔离冷凝器投运，发现来自冷凝器的蒸汽（虽然最初看到冷凝器散发的一些蒸汽，但蒸汽逐渐消失，操纵员停运 IC 系统 A 列，原因未知）（投运失败，非能动系统隔离冷凝器可能受到影响而失效）；

18：25，通过关闭电动隔离阀 MO-3A，将隔离冷凝器停运；

21：30，操纵员通过打开电动隔离阀 MO-3A 和 MO-2A，将隔离冷凝器投运，冷凝器的蒸汽产生证实投运成功（虽然有蒸汽从冷凝器排气口排出，但尚不清楚 IC 是否如期投运。2011 年 9 月检查表明 A 列 IC 阀门没有打开，但二次侧水位保持在 65%，表明该系统没有按照设计功能动作，非能动系统的投运受到一些影响）。

从事故序列上看，在事故工况下隔离冷凝器系统作为唯一可用的冷却反应堆的系统，受到了一些制约，比如 DC 电源、补水，而且后期投运不成功，也可能有多种因素影响非能动安全系统的正常运行，这些原因可能包括波动、不凝气体等。

当海啸发生时，所有交流电源丧失，直流电丧失时隔离逻辑回路触发，IC 循环回路中断，IC 功能丧失。事故初期却误认为 IC 正常运行，没有采取有效纠正措施。一段时间后，操纵员根据短暂恢复的控制板指示开始怀疑 IC 系统没有正常工作，并最终关闭 IC 系统。

5.4.2.2 福岛第一核电厂 2 号～6 号机组

2 号机组主要事故序列及事故后分析反馈信息如下：

14：46，地震引起停堆，汽轮机跳机；

14：50，运行人员启动堆芯隔离冷却（RCIC），来控制反应堆水位和压力；

14：50，由于反应堆水位高，自动停运 RCIC；

15：01，运行人员确认反应堆危急；

15：02，运行人员手动启动 RCIC；

15：27，第一波海啸到达电站；

15：28，由于反应堆高水位，RCIC 自动停运；

15：35，第二波海啸击中电站；

15：39，运行人员重新手动启动 RCIC；

（RCIC 系统触发逻辑受到堆芯水位测量参数控制，操纵员即使确认堆芯处于危险状态，也无法有效地进行手动干预）；

15：41，所有 AC、DC 丧失，反应堆水位的仪表盘严重丧失，不掌握 RCIC 运行状态；

第二天 0：30，工作人员戴上呼吸面具，穿上靴子，现场查看 RCIC 状况，到了 RCIC 房间，一片漆黑，工作人员没有足够近查看系统运行情况，但听到微弱金属声，表明系统在运转；

2：00，检查 RCIC 运行情况、反应堆厂房仪表盘，RCIC 泵的出口压力很高，所以人为判断 RCIC 在运行。

根据 2 号机组的情况，丧失全部供电后，2 号机组 RCIC 还在继续运行，由于供电丧失，RCIC 变得不可控，随时有可能中断。在此状况下，RCIC 水源由冷凝水箱切换至抑压水池，因此 RCIC 功能实现依赖对抑压水池压力和温度的监测。

5.4.3　反馈与总结

对于福岛第一核电厂而言，福岛核事故情景下承担堆芯冷却注水功能的非能动安全系统（IC 或 RCIC），按照事故响应的要求都自动或手动启动，但事故处理过程中同时暴露出 IC 或 RCIC 作为非能动安全系统在设计上的不足：

对于福岛第一核电厂而言，福岛核事故情景下承担堆芯冷却注水功能的非能动安全系统（IC 或 RCIC），按照事故响应的要求都自动或手动启动，但事故处理过程中同时暴露出 IC 或 RCIC 作为非能动安全系统在设计上可能存在一定的不足，初步分析包括以下方面：

1）虽为非能动安全系统，但仍有一些阀门动作，而这些动作依赖直流电源（DC）的支持，因此阀门动作成为非能动安全系统是否能否发挥其预期功能的关键，这些阀门对非能动安全系统的可靠性有着重要的影响。

2）除了受到直流电源的影响外，非能动安全系统是否正常运行，还受到其他因素影响，如补水。而且后期投运不成功也有多种因素影响非能动安全系统的正常运行，这些原因可能是波动、不凝气体等。

3）对于 RCIC 系统而言，存在切换水源的问题，同时还需要对抑压水池的状况进行实时有效的监测，否则影响 RCIC 预期功能的发挥。

参考文献

[1] 三门核电有限公司. SMG-GV5-GBP-500，三门核电一期工程 AP1000 调试大纲（Rev.0）[R]. 2012.

[2] 三门核电有限公司. 三门核电一期工程 1 号、2 号机组最终安全分析报告（第 0 版）第 14 章初始试验大纲[R]. 2012.

[3] Westinghouse Electric Company. APP-GW-GEE-5000，replacement of DCD section 14.2.9. 1.4 “wind induced driving head test” with scale testing and analysis（Rev.0）[R]. U.S. WEC，2015.

[4] 上海核工程研究设计院. 采用比例试验和分析方法替换风致驱动压头试验（DCP-5000）审查评估报告[R]. 2015.

[5] 环境保护部核与辐射安全中心. 关于 AP1000 依托项目非能动安全壳冷却系统空气流阻试验设计变更的审评意见[R]. 2016.

[6] 三门核电有限公司. SM1-GV5-T2R-505，三门核电阶段调试总结报告：1 号机组装料前调试总结报告（Rev.0）[R]. 2017.

[7] 中国核电工程有限公司. 福清核电厂 5、6 号机组华龙一号调试首堆试验专题报告[R]. 2018.

[8] 刘宇，杨鹏，赵丹妮，等. AP1000 依托项目非能动安全系统调试、运行、定期试验和现场监督情况调研报告[R]. 北京：生态环境部核与辐射安全中心，2023.

[9] 山东核电有限公司. 核电厂执照运行事件报告——海阳核电厂 2 号机组主给水丧失手动停堆后 S 信号自动触发事件（升版报告）[R]. 2020.

[10] 国核示范电站有限责任公司. 海阳 1017 事件分析评价讨论交流会会议纪要落实报告[R]. 2022.

[11] 华能山东石岛湾核电有限公司. 核动力厂建造事件报告——1 号堆余热排出系统空气冷却器换热管弯管冻裂事件[R]. 2021.

[12] 环境保护部核与辐射安全监管司及核与辐射安全中心. 日本福岛核事故[R]. 2014.

第6章 总结与展望

6.1　总结

非能动安全系统在我国的第三、四代核电堆型上已得到广泛的应用，作为全球首批建造的 AP1000 依托项目已经历了审评、建造、调试，并已进入稳定运行阶段，先进的具有第四代反应堆特征的高温气冷堆和快中子增殖堆均已在实验堆的基础上，进入了商用示范堆阶段。通过针对非能动安全系统的大量试验验证的研究，以及审评、调试和运行经验的积累，增强了业界对非能动安全系统的信心，普遍认为非能动安全系统核电厂的安全性是有保障的。

（1）非能动安全系统正逐渐成为未来反应堆安全设计的趋势

能动系统的可靠性往往受到交流电源可用性的限制，并依赖操纵员的动作，而非能动系统，由于依赖固有的物理规律，通常认为比传统的能动系统更可靠。此外，非能动系统的设计取消了大量能动设备，如泵等，并且非能动系统取消了各种支持系统，如应急柴油发电机等，因而使整个电厂系统的配置简化，有利于降低成本，提高经济性。因此，以低成本实现提高可靠性的潜力，激励了在创新的反应堆设计中使用非能动安全系统，非能动安全系统正在逐渐成为未来反应堆安全设计的趋势。

（2）针对非能动安全系统开展了大量的试验验证工作

美国西屋公司开发 AP600 和 AP1000 的非能动安全系统，利用几个国家的科研力量建立了分项和综合试验验证装置，进行了大量的试验验证；在大量的试验研究的基础上，开发了非能动安全系统专用的分析计算程序。

我国早期在 2000 年实现首次临界的高温气冷堆实验堆和 2010 年实现首次临界的实验快堆均采用了非能动安全系统，在实验堆的调试、运行、试验和研究中积累了大量的非能动安全系统有关的数据。

CAP1400 是我国在引进消化 AP1000 技术的基础上自主研发的大型先进非能动压水堆核电站，为了验证其安全系统，开展了大量的试验验证研究，在 AP600 及 AP1000 试验的基础上，针对 CAP1400 的 PXS、PCS 及 IVR，开展了 PXS 整体性试验，PCS 水分配、冷凝及壳外蒸发耦合单项性能试验及整体性能试验，金属层传热特性及临界热通量试验。CAP1400 试验台架在参数范围、模拟相似性等方面相对原有 AP600/1000 试验均有提升，获得了大量新的非能动安全系统试验验证结果。

“华龙一号”作为我国自主研发的核电机型，针对非能动安全系统，也开展了大量针对性的验证试验。

（3）我国在非能动安全系统的审评、调试和运行中积累了大量的经验

我国 AP1000 依托项目、CAP1400 示范工程、HTR-PM 高温气冷堆示范工程、CAP1000、“华龙一号”经过安全审评、调试和运行初步积累了一定量的非能动安全系统相关的实际数据和运行经验。

在 AP1000 依托项目、CAP1400 示范工程、HTR-PM 高温气冷堆示范工程、CAP1000、“华龙一号”等多个项目的充分审评沟通的基础上，国家核安全局发布了多个安全审评原则或技术见解文件，在各型号反应堆的非能动安全系统设计关键问题上形成了结论性的处理意见。

国家核安全局在对 AP1000 依托项目和两个“华龙一号”首堆调试（尤其是首堆试验）的监督中集中了监管系统内的审评技术力量，以支持首堆调试的监督工作，使该项进展顺利并且效果显著，成功探索出了一条审评技术力量支持并参与首堆调试监督的工作模式。AP1000 非能动安全系统调试期间发现的问题和处理均已反馈到 CAP1400 项目中。

发生的几起运行事件证明了非能动安全系统预期的响应和足够的缓解能力，特别是在对 1017 事件处理的过程中，进行了多次行业内的讨论，针对非能动余热排出系统投入和安注意外启动的重要现象和安全影响进行了大量的分析评价工作，积累了宝贵的数据和经验。

但同时也应该认识到非能动安全系统在核电厂设计、建造、调试和运行管理等各环节带来的新挑战。2023 年 7 月 3 日，国家核安全局组织召开 2023 年度第三次经验反馈集中分析会，专题研究了核电厂非能动安全系统议题。会上充分认识到非能动安全系统已广泛应用于我国核电厂，并且给核电设计、建造、调试和运行管理等领域带来了新的挑战，同时提出以下两个方面的要求：一方面，认真总结经验，关注非能动安全系统应用带来的挑战，确保核电厂运行安全；另一方面，坚持问题导向，加强经验反馈和基础研究，持续优化非能动安全系统[1]。

6.2 展望

非能动安全系统由于其简化支持系统的设计，具有减少对操纵员动作依赖和运行可靠性高等优点，可以实现经济性和安全性的平衡，越来越成为当前国内外核电发展的方

向。我国正在研发设计的新的反应堆型号也普遍采用了非能动安全系统来确保反应堆足够安全，实现反应堆安全停堆，并在相当长一段时间内维持安全停堆状态。但非能动安全系统也存在缺乏运行经验和数据、缺乏成熟的系统性能和可靠性评价方法、“功能失效”机理需进一步深入研究等弱项。因此，为进一步提高非能动安全系统核电厂的安全性，针对非能动安全系统的设计、调试、运行与监管，经过系统梳理总结，提出进一步加强非能动安全系统安全性的几个方面建议：

（1）加强非能动安全系统的试验研究和工程验证

非能动安全系统的一个不利的特性是驱动力往往较弱，其性能通常对核电厂状态的扰动很敏感，由于核电厂安全系统的状态和条件的劣化或由于偏离其预期的状态（不利的初始/边界条件或出现不利的驱动压头），非能动安全系统可能无法执行其预期的功能，即发生“功能失效”。在非能动安全系统中，由于系统性能预测的不确定性，降低了有效的安全裕量，因此有必要对影响非能动系统性能的热工水力现象进行研究以降低“功能失效”发生的可能性。

过去 50 年里，全球对能动安全系统中的热工水力过程、评价软件、设计工具已进行了十分详尽的研究，积累了大量的试验数据和运行经验，而对非能动安全系统中的热工水力过程的了解相对较少，试验数据有限。非能动安全技术的广泛应用，需要做进一步的试验研究和工程验证，建立适当的试验台架，对影响非能动安全系统性能的重要现象进行充分的试验和验证。还应考虑特定应用场景和环境条件，如海上浮动堆船体晃动对自然循环的影响，热管技术的应用等。

（2）进一步研究防止非能动安全系统误触发的优化措施

在设计和审评阶段，往往关注非能动安全系统缓解事故的能力，希望其带热能力是足够的，且保守考虑了一定的裕量。福岛核事故和国内 1017 事件表明，事故情况下非能动安全系统的导热能力能够达到预期。但由于非能动安全系统较差的调节能力，对反应堆冷却剂的冷却可能超出技术规格书规定的冷却速率要求，这样会给机组带来不必要的瞬态。此外，非能动设计简化了安全设备，为保证其投入，安全系统触发阀门通常设计成故障安全模式。一些重要的关键敏感设备（SPV）阀门由保护和安全监测系统（PMS）机柜内单一的 CIM 卡件控制，控制回路上单熔丝、单电磁阀故障均会直接导致设备置于失效安全位置，进而触发安全系统，造成反应堆停堆，给机组带来不必要的瞬态。因此亟须进一步研究防止非能动安全系统误触发的优化措施，梳理改进受单点失效影响的重要设备，采取防止安全系统误触发的设计措施（如启动阀门的冗余设计），避免安全系统的频繁误触发；开展 PRHR 和 S 信号触发逻辑验证和优化工作，避免安注频繁触发而产生不必要的瞬态。

（3）加强非安全级重要物项的设计、管理和监管

非能动核电厂中，能动系统承担着纵深防御功能，在核电厂发生瞬态和非正常波动时作为第一层防御措施，可以避免非能动安全系统不必要的频繁动作；同时由于非能动安全系统还缺乏运行经验，存在一定的不确定性，这类不确定性也提高了能动系统作为非能动安全系统的重要性，这也是另外一个方向的纵深防御，应纳入纵深防御体系。在非能动核电厂的设计中，为保证非能动核电厂的安全水平，应考虑提高上述重要的非安全级系统的设计和管理要求，以确保这些 SSC 的可用性和可靠性。美国 NRC 和核工业界的多年研究成果和监管实践经验开发出的 RTNSS 监管程序，具有较强的可执行性和成熟性，其中不但明确了监管方的职责和范围，包括审评人员和现场监督人员，而且也规定了工业界的责任和要求，包括制造商和电厂营运单位的责任和要求。我国在对 AP1000 依托项目和国和一号（CAP1400）示范工程项目安全审评过程中，考虑到核安全法规主要适用于传统的压水堆核电厂，国家核安全局编制了 AP1000 依托项目监管立场和 CAP1400 示范工程审评见解等监管要求技术文件，以指导核安全审评工作。两份文件中虽规定可以参考美国适用于非能动核电厂的法规、技术文件等并作为审评依据，而且涉及 RTNSS 相关 SSC 的设计，如安全分级、抗震设计及可用性要求，但并没有系统地把针对非能动核电厂重要的非安全相关 SSC 的监管要求纳入我国核安全监管范畴。对比美国 NRC 对非能动核电厂的监管要求和编制发布的技术见解文件，我国核安全法规中尚缺少对非能动核电厂重要的非安全级系统的系统性监管要求。因此，还需形成一套完整的、可执行的技术指导文件和监管程序，对非能动核电厂中非安全级重要物项的范围确定方法和可用性要求给出技术指导，并在设计、制造、建造、安装和运维等各阶段进行全范围、系统化的管理，以确保其可用性和可靠性。落实配置风险管理体系和维修有效性评价体系，加强风险重要的非安全级重要物项的管理。

（4）加强风险指引理念在非能动安全系统监管中的应用

非能动安全系统对传统的确定论安全分析带来了一些挑战，如单一故障准则中，传统的能动系统中止回阀作为非能动部件而不考虑其单一故障，而非能动系统的低驱动力特性以及长期在含硼水介质状态下的备用，让设计者和监管者们重新审视止回阀作为非能动部件的适当性；乏池采用非能动安全系统带热后允许其沸腾，因此对时间并不敏感，设计中采用由操纵员现场操作的手动阀门来执行安全功能，对于手动阀门的单一故障，

没有明确的规则，也缺乏相关的可靠性数据。此外，由于非能动安全系统设计简单，影响系统安全功能的因素（如系统流动阻力）相对稳定，系统整体性的定期试验周期相对可以较长，而在实际运行中发现某些定期试验项目（如 PXS 系统级定期试验、ADS 爆破阀定期试验）中也存在一些风险较大、执行困难的情况，因此营运单位提出了延长定期试验周期或申请豁免的需求。上述这些问题通过确定论方法可能是难以解决的，需通过概率安全分析和风险指引的方法来进行论证和处理。此外，非能动安全系统可能存在的功能失效模式和失效机理还没有完全研究清楚，其可靠性评价还有待进一步研究。

（5）进一步加强非能动安全系统的调试及相关经验反馈

核电厂首堆试验项目，通常被理解为验证新设计特点进行的全新的、独特的或特殊的试验项目，这些试验项目只在首堆（或首三堆）上开展。在 AP1000 首堆调试监管过程中，国家核安全局积累了丰富的首堆监管经验，也发现了一些存在的问题：首堆试验项目的选取准则不够明确；现场不具备执行条件，需临时变更，或执行结果与预期有所偏离；关键试验条件或验证准则进行临时变更；试验程序中没有明确的验收准则，需要对试验数据做进一步的分析评估等。我国各设计院正在研发的新型反应堆引入了非能动安全系统新的设计特征，其首堆调试尤其是首堆试验项目应引起足够的重视。不但需要进一步加强已有经验在新设计的非能动安全系统调试试验中的反馈，而且需要加强首堆试验方案和调试程序的设计开发，以尽可能充分地验证新设计特征，而又不会带给反应堆较大的安全风险。另外，加强试验前计算软件的预分析工作，一方面可以通过预分析验证试验的准确性，指导首堆调试的现场监督工作；另一方面，根据现场调试的实测数据对计算软件进行进一步的验证。

附表 1 非能动安全系统的类型

功能	非能动安全系统类型	实现方式	系统概述	系统原理示意
1 冷却堆芯	1.1 冷却、硼化堆芯：蓄压堆芯淹没水箱（安注箱）	压力/重力注入	水箱内 75%容量的含硼水，通过氮气或惰性气体加压，与一回路相连，LOCA 事故下作为 ECCS 一部分把含硼水注入堆芯	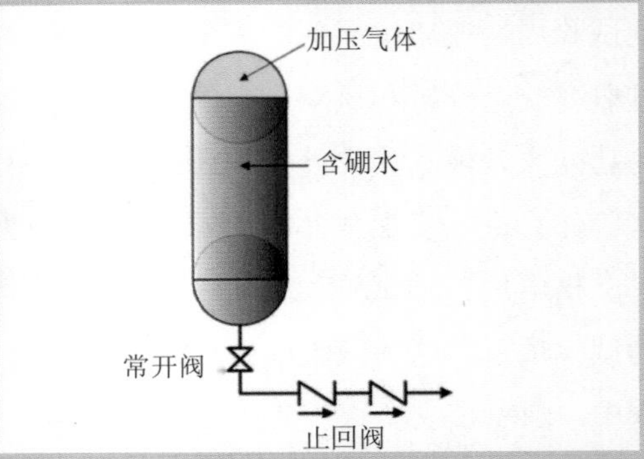 加压气体 含硼水 常开阀 止回阀
	1.2 冷却堆芯：高位水箱自然循环回路（堆芯补水箱）	自然循环	通过自然循环回路方式实现堆芯冷却，高位水箱连接反应堆压力容器或一回路，水箱内充满含硼水；在正常情况下隔离，事故工况下打开水箱底部隔离阀，通过自然循环回路实现堆芯冷却；通常在安注箱注射之前启动，安注箱排空之后结束	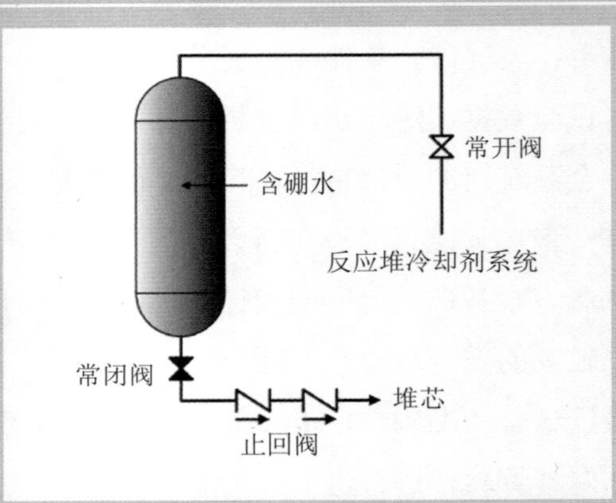 常开阀 含硼水 反应堆冷却剂系统 常闭阀 堆芯 止回阀
	1.3 冷却堆芯：高位重力排水箱	重力注入	在低压状况下，充满冷含硼水的高位水箱，通过重力作用淹没堆芯，实现堆芯冷却。隔离阀打开即可投运，流体驱动压头大于系统压力+止回阀开启压力	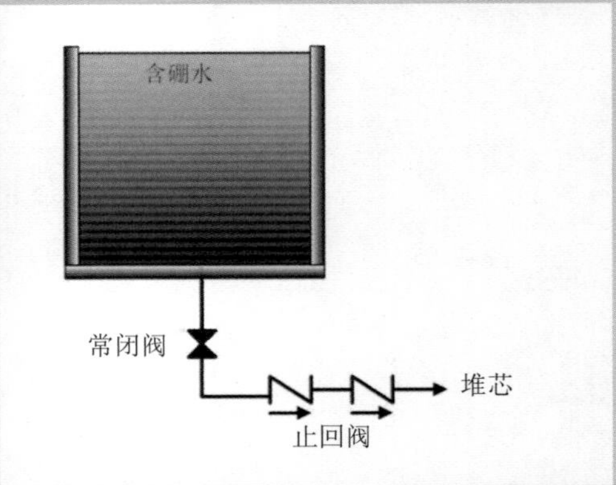 含硼水 常闭阀 堆芯 止回阀

功能	非能动安全系统类型	实现方式	系统概述	系统原理示意
1 冷却堆芯	1.4 冷却堆芯：蒸汽发生器非能动冷却自然循环	1.4-1 水冷	通过蒸汽发生器非能动导出一回路热量，通过水箱内淹没的换热器，冷凝蒸汽发生器排出蒸汽	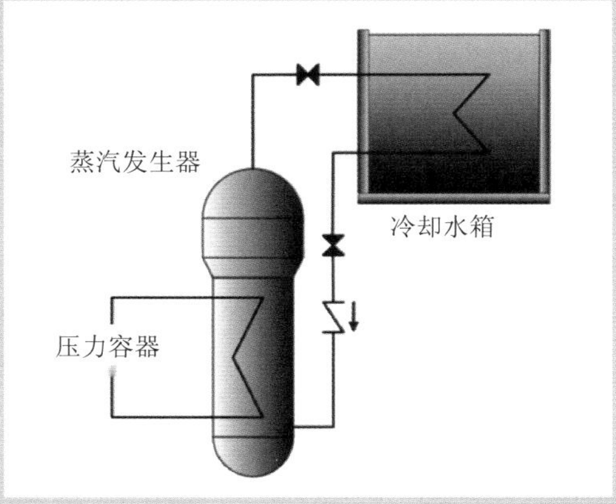 蒸汽发生器 冷却水箱 压力容器
		1.4-2 空冷	通过蒸汽发生器非能动导出一回路热量，通过气冷却系统，冷凝蒸汽发生器排出蒸汽	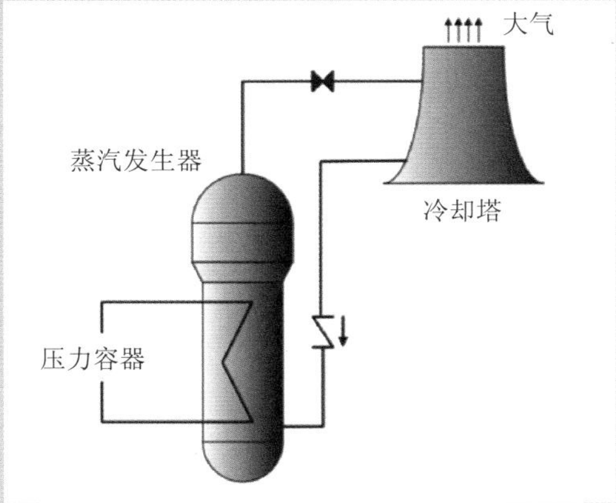 大气 蒸汽发生器 冷却塔 压力容器
	1.5 冷却堆芯：非能动余热导出热交换器		非能动余热导出（PRHR）热交换器通过单项液体自然循环导出堆芯热量，打开PRHR换热器底部的隔离阀即可投运，可用于非LOCA事故工况（如SBO），可以避免“充-排”运行实现电厂冷却	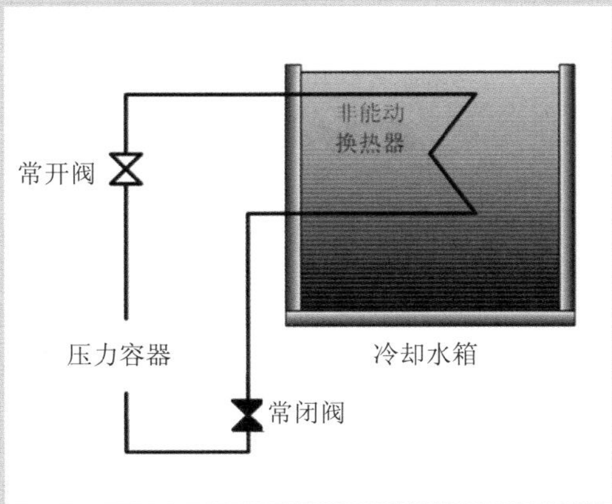 非能动换热器 常开阀 压力容器 冷却水箱 常闭阀

<table>
<tr><th>功能</th><th>非能动安全系统类型</th><th>实现方式</th><th>系统概述</th><th>系统原理示意</th></tr>
<tr><td rowspan="2">1 冷却堆芯</td><td>1.6 冷却堆芯：非能动堆芯冷却隔离冷凝器</td><td></td><td>沸水堆中提供堆芯冷却的一个系统，功率运行期间通常与一回路热阱隔离，事故工况下隔离冷凝器的隔离阀打开，主回路蒸汽排向冷凝器换热器，热量被带出</td><td>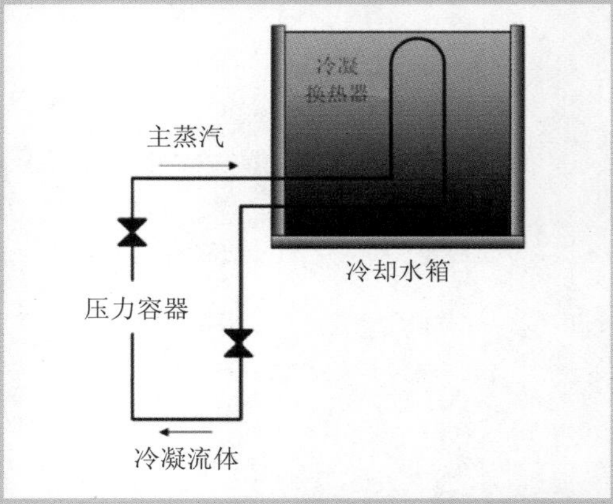
</td></tr>
<tr><td>1.7 冷却堆芯：地坑自然循环</td><td></td><td>利用反应堆堆坑和其他较低的安全壳隔间，LOCA 事故下作为冷却堆芯的滞留容器。反应堆系统损失的水在安全壳地坑收集起来，最终反应堆完全淹没在水中，余热通过堆芯沸腾导出</td><td>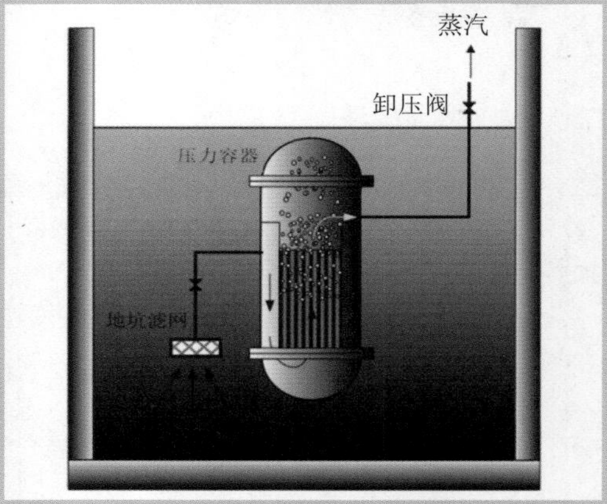
</td></tr>
<tr><td>2 冷却安全壳</td><td>2.1 保护安全壳：安全壳压力抑制水池</td><td></td><td>安全壳压力抑制水池，用于 BWR 设计，LOCA 事故后，蒸汽进入安全壳，被大的排气管线排入抑压水池进行冷凝，从而避免安全壳内压力快速增加，起到保护安全壳的作用</td><td>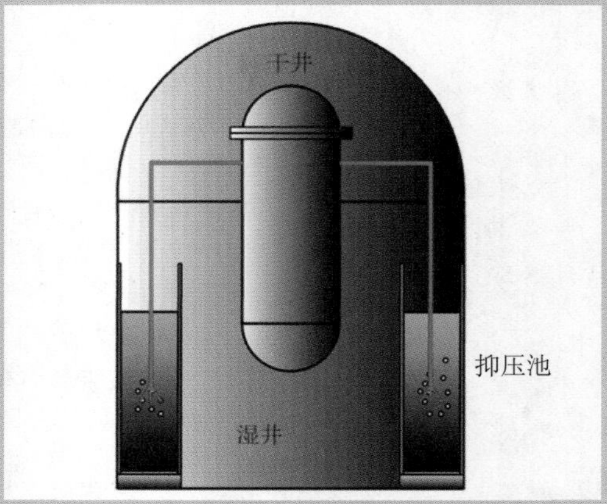
</td></tr>
</table>

功能	非能动安全系统类型	实现方式	系统概述	系统原理示意
2 冷却安全壳	2.2 冷却安全壳：安全壳非能动热量导出系统/压力抑制系统	2.2-1 冷凝器管内蒸汽冷凝	一个高位水池作为非能动安全系统的热阱。蒸汽排放到安全壳后，在安全壳冷凝器管壁凝结，以便抑制安全壳的压力并冷却安全壳。冷凝器与安全壳顶部水池连接，高度差引起的重力梯度驱动冷凝器管内单相流体流动	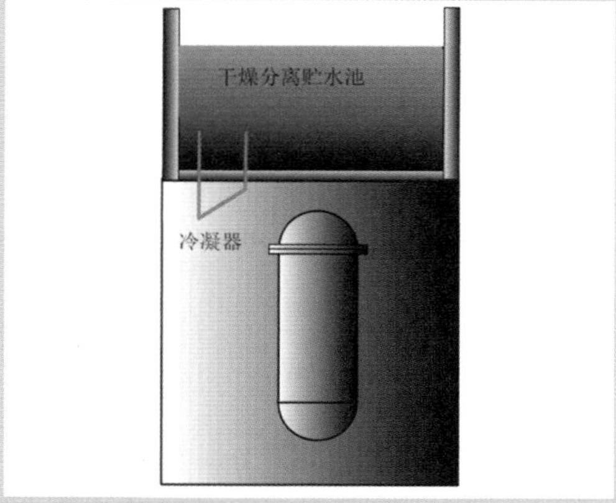
		2.2-2 外部自然循环回路	一个封闭的充满单相流体的回路，连接空气热交换器和池内热交换器，自然循环和热导出能力流程如下：空气 HEX 从安全壳接受热量，液体加热并分层产生池内热交换器的上升段和下降段之间的密度差，因此产生驱动力	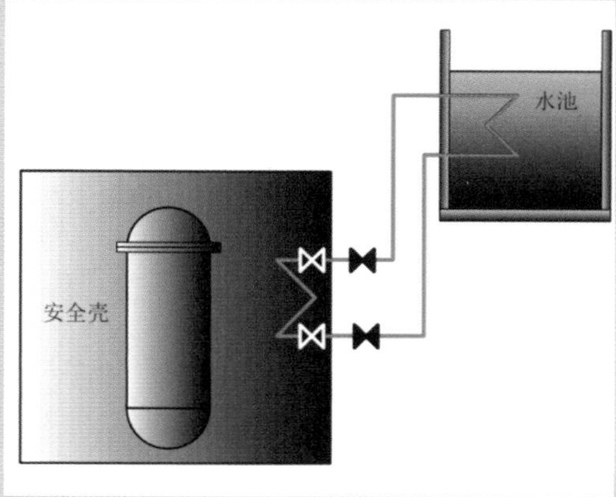
		2.2-3 外部蒸汽冷凝热交换器	第三种类型，安全壳的两个不同区域，事故工况下具有不同的压力特征（正常运行中压力是相同的），池内 HEX 连接换热器的上升和下降面。在这种情况下，蒸汽-空气混合物在下降段冷凝。在这种情况下，驱动力可能更低，并且工作状态在较宽的范围内可能不稳定	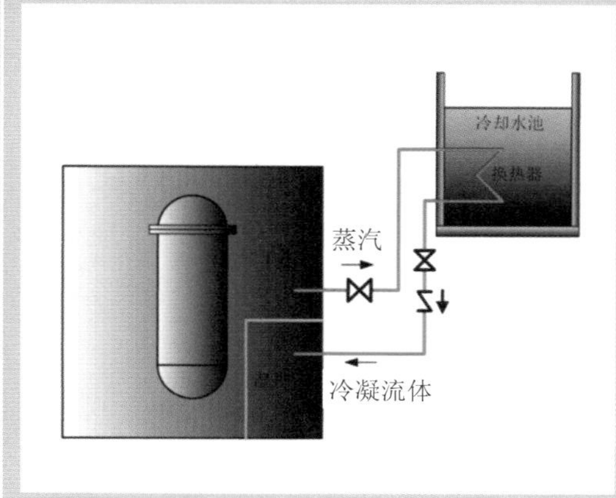

功能	非能动安全系统类型	实现方式	系统概述	系统原理示意
2 冷却安全壳	2.3 冷却安全壳：非能动安全壳喷淋系统		LOCA 事故后，蒸汽在钢制安全壳内壁面冷凝，热量经安全壳壁面传递给外部空气。安全壳顶部的高位水池提供冷却水喷淋的重力驱动压头，冷却环廊内的空气流依靠烟囱效应产生	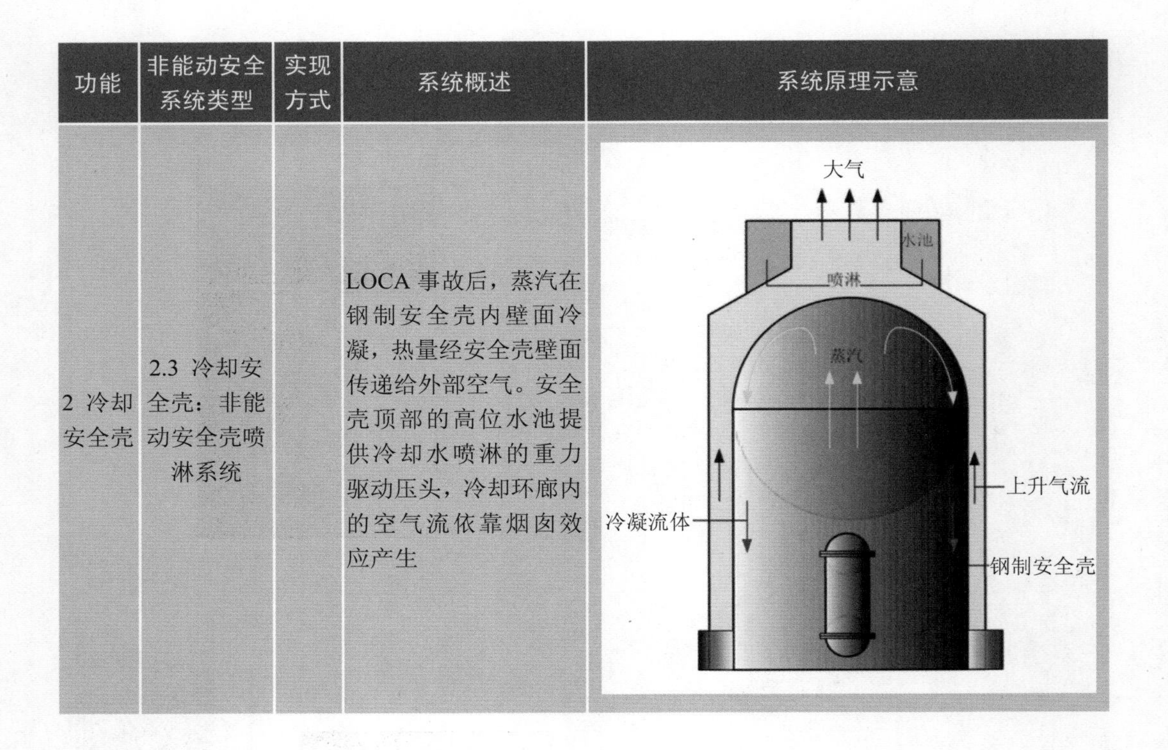

附表 2 压水堆、沸水堆和超临界堆的非能动安全系统

反应堆型号	堆型	热功率/MWt	非能动安全系统	非能动安全系统类型
SWR 1000 阿海珐，法国	BWR	2 778	应急冷凝器系统	1.6 冷却堆芯：非能动堆芯冷却隔离冷凝器
			堆芯淹没系统	1.3 冷却堆芯：高位重力排水箱
			安全壳冷却冷凝器	2.2-1 冷却安全壳：安全壳非能动热量导出系统/压力抑制系统（冷凝器管内蒸汽冷凝）
AP600 及 AP1000 西屋电气，美国	PWR	1 940 3 415	非能动余热排出系统（PRHR）	1.5 冷却堆芯：非能动余热导出热交换器
			堆芯补水箱（CMT）	1.2 冷却堆芯：高位水箱自然循环回路（堆芯补水箱）
			自动卸压系统 1-3（ADS1-3），向 IRWST 排放蒸汽	2.1 保护安全壳：安全壳压力抑制水池
			安注箱（ACC）	1.1 冷却堆芯：蓄压堆芯淹没水箱
			内置换料水箱（IRWST）注射	1.3 冷却堆芯：高位重力排水箱
			安全壳地坑再循环	1.7 冷却堆芯：地坑自然循环
			非能动安全壳冷却系统（PCS）	2.3 冷却安全壳：非能动安全壳喷淋系统
VVER-640/407 俄罗斯国家原子能公司/设计局，俄罗斯	PWR	1 800	安注箱	1.1 冷却堆芯：蓄压堆芯淹没水箱
			ECCS 水箱	1.3 冷却堆芯：高位重力排水箱
			蒸汽发生器非能动热量导出系统	1.4-1 冷却堆芯：蒸汽发生器非能动冷却自然循环（水冷）
			一回路开口冷却系统	1.7 冷却堆芯：地坑自然循环
			安全壳非能动热量导出系统	2.2-2 冷却安全壳：非能动安全壳热量导出/压力抑制系统（外部自然循环回路）
VVER-1000/392 俄罗斯国家原子能公司/设计局，俄罗斯	PWR	3 000	第一阶段安注水箱	1.1 冷却堆芯：蓄压堆芯淹没水箱
			第二阶段安全水箱	1.2 冷却堆芯：高位水箱自然循环回路（堆芯补水箱）
			蒸汽发生器非能动热量导出系统	1.4-2 冷却堆芯：蒸汽发生器非能动冷却自然循环（气冷）

反应堆型号	堆型	热功率/MWt	非能动安全系统	非能动安全系统类型
APWR+ 三菱，日本	PWR	5 000	蒸汽发生器非能动冷却系统	1.4-2 冷却堆芯：蒸汽发生器非能动冷却自然循环（气冷）
			先进安注箱	1.1 冷却堆芯：蓄压堆芯淹没水箱
简化沸水堆 （SBWR） 通用电气，美国	BWR	2 000	重力驱动冷却系统	1.3 冷却堆芯：高位重力排水箱
			抑压池注射	1.3 冷却堆芯：高位重力排水箱
			隔离冷凝器系统	1.6 冷却堆芯：非能动堆芯冷却隔离冷凝器
			非能动安全壳冷却系统	2.2-3 冷却安全壳：非能动安全壳导热/压力抑制系统（外部蒸汽冷凝热交换器）
			ADS-SRV 向抑压池排气	2.1 保护安全壳：安全壳压力抑制水池
经济简化沸水堆 （ESBWR） 通用电气，美国	BWR	4 500	重力驱动冷却系统	1.3 冷却堆芯：高位重力排水箱
			抑压池注射	1.3 冷却堆芯：高位重力排水箱
			隔离冷凝器系统	1.6 冷却堆芯：非能动堆芯冷却隔离冷凝器
			备用液体控制系统	1.1 冷却堆芯：蓄压堆芯淹没水箱
			非能动安全壳冷却系统	
			ADS-SRV 向抑压水池排气	2.1 保护安全壳：安全壳压力抑制水池
先进沸水堆 （ABWR-II） 东京电力、通用电气、日立和东芝，日本	BWR	4 960	非能动反应堆冷却系统	1.6 冷却堆芯：非能动堆芯冷却隔离冷凝器
			非能动安全壳冷却系统	2.2-3 冷却安全壳：非能动安全壳导热/压力抑制系统（外部蒸汽冷凝热交换器）
低慢化水堆 （RMWR） 日本原子能公司，日本	BWR	3 926	隔离冷凝器系统	1.6 冷却堆芯：非能动堆芯冷却隔离冷凝器
			非能动安全壳冷却系统	2.2-3 冷却安全壳：非能动安全壳导热/压力抑制系统（外部蒸汽冷凝热交换器）

反应堆型号	堆型	热功率/MWt	非能动安全系统	非能动安全系统类型
先进重水堆（AHWR）巴巴原子研究中心，印度	HWR	750	重力驱动水池注射	1.3 冷却堆芯：高位重力排水箱
			隔离冷凝器系统	1.6 冷却堆芯：非能动堆芯冷却隔离冷凝器
			安注箱	1.1 冷却堆芯：蓄压堆芯淹没水箱
			非能动安全壳冷却系统	2.2-1 冷却安全壳：安全壳非能动热量导出系统/压力抑制系统（冷凝器管内蒸汽冷凝）
先进 CANDU 堆（ACR1000）加拿大原子能公司，加拿大	HWR	3 180	堆芯补水箱	1.2 冷却堆芯：高位水箱自然循环回路（堆芯补水箱）
			备用水系统（RWS）	1.3 冷却堆芯：高位重力排水箱
			安全壳冷却喷淋	2.3 冷却安全壳：非能动安全壳喷淋系统
长运行循环简化沸水堆（LSBWR）东芝，日本	BWR	900	重力驱动堆芯冷却系统	1.3 冷却堆芯：高位重力排水箱
			非能动安全壳冷却系统	2.3 冷却安全壳：非能动安全壳喷淋系统
			抑压水池蒸汽排放（DPV-SRV）	2.1 保护安全壳：安全壳压力抑制水池
CANDU 超临界水冷堆（SCWR-CANDU）加拿大原子能公司，加拿大	SCWR	2 540	堆芯补水箱	1.2 冷却堆芯：高位水箱自然循环回路（堆芯补水箱）
			备用水箱系统	1.3 冷却堆芯：高位重力排水箱
			非能动慢化剂冷却系统	1.5 冷却堆芯：非能动余热导出热交换器
			安全壳冷却喷淋	2.3 冷却安全壳：非能动安全壳喷淋系统

附表 3　一体化反应堆的非能动安全系统

反应堆型号	堆型	热功率/MWt	非能动安全系统	非能动安全系统类型
系统一体化模块先进反应堆（SMART），韩国原子能研究院，韩国	PWR	330	非能动余热排出系统	1.4-1 冷却堆芯：蒸汽发生器非能动冷却自然循环（水冷）
			应急堆芯冷却剂箱	1.1 冷却堆芯：蓄压堆芯淹没水箱
CAREM 阿根廷原子能委员会，阿根廷	PWR	100	余热排出系统-应急冷凝器	1.6 冷却堆芯：非能动堆芯冷却隔离冷凝器
			抑压水池安全阀蒸汽排放	2.1 保护安全壳：安全壳压力抑制水池
多用途小型轻水反应堆（MASLWR），爱德华国家实验室、俄亥俄州立大学、莱森特咨询公司，美国	PWR	150	自动卸压蒸汽排放阀及淹没排放管嘴	1.7 冷却堆芯：地坑自然循环
非能动安全小堆分布式能源供应系统（PSRD），日本原子能公司，日本	PWR	100	应急余热导出系统	1.4-1 冷却堆芯：蒸汽发生器非能动冷却自然循环（水冷）
			安全壳水冷系统	2.2-2 冷却安全壳：非能动安全壳热量导出/压力抑制系统（外部自然循环回路）
一体化模块水堆（IMR），三菱重工，日本	PWR	1 000	独立式直接排热系统	1.4-1 冷却堆芯：蒸汽发生器非能动冷却自然循环（水冷）
			独立式直接排热系统-后期阶段	1.4-2 冷却堆芯：蒸汽发生器非能动冷却自然循环（气冷）
简化紧凑反应堆（SCOR），法国原子能委员会，法国	PWR	2 000	一回路 RRP 余热排出系统	1.5 冷却堆芯：非能动余热导出热交换器
			蒸汽排放池	2.1 保护安全壳：安全壳压力抑制水池
			安全壳抑压系统	2.1 保护安全壳：安全壳压力抑制水池

反应堆型号	堆型	热功率/MWt	非能动安全系统	非能动安全系统类型
IRIS 西屋电气，美国	PWR	1 000	非能动应急热量导出系统（EHRS）	1.4-1 冷却堆芯：蒸汽发生器非能动冷却自然循环（水冷）
			应急硼化箱（EBT）	1.2 冷却堆芯：高位水箱自然循环回路（堆芯补水箱）
			安全壳抑压水池注射	1.3 冷却堆芯：高位重力排水箱
			ADS 蒸汽抑压池排放	2.1 保护安全壳：安全壳压力抑制水池